INSTRUCTION

POUR L'ÉTABLISSEMENT

DE

LA STATISTIQUE MÉDICALE

DES TROUPES COLONIALES

STATIONNÉES AUX COLONIES

PARIS

IMPRIMERIE NATIONALE

MDCCCCII

INSTRUCTION

POUR L'ÉTABLISSEMENT

DE

LA STATISTIQUE MÉDICALE

DES TROUPES COLONIALES

STATIONNÉES AUX COLONIES

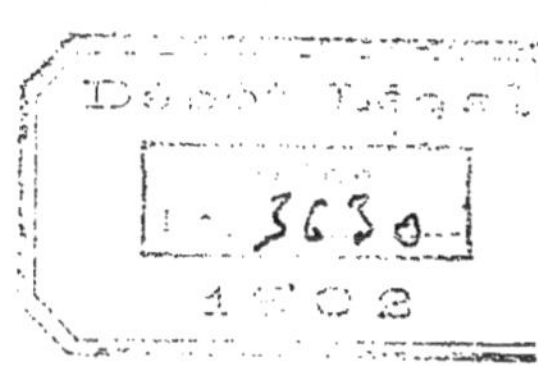

PARIS

IMPRIMERIE NATIONALE

—

MDCCCCII

Le Ministre des Colonies à *Messieurs les Gouverneurs généraux de l'Indo-Chine, de Madagascar et de l'Afrique occidentale française, les Gouverneurs des Colonies, le Commissaire général du Gouvernement au Congo français.*

(Ministère des Colonies. — Inspection générale du Service de santé.)

Paris, le 26 août 1902.

Circulaire *relative à l'établissement de la statistique médicale des troupes coloniales stationnées aux Colonies.*

Messieurs, aux termes de l'article 24 de la loi du 7 juillet 1900, portant organisation des troupes coloniales, et de l'article 14 du décret du 11 juin 1901, portant règlement d'administration publique sur l'administration des troupes coloniales, la statistique médicale des troupes coloniales stationnées aux Colonies doit être établie par mon Département.

Pour donner à ce travail le caractère d'utilité pratique et la valeur scientifique qu'on est en droit d'en attendre, il importe que tous les renseignements émanant des diverses colonies puissent être groupés d'après une nomenclature uniforme et réunis dans des tableaux qui permettront d'embrasser d'un seul coup d'œil l'état sanitaire des corps et détachements de troupe stationnés dans nos possessions d'outre-mer.

C'est en vue d'obtenir la précision et l'uniformité qui doivent donner à cette statistique toute la valeur qu'elle comporte, que j'ai préparé, d'entente avec M. le Ministre de la Guerre, une instruction détaillée que vous trouverez à la suite de cette circulaire. Elle servira de guide aux médecins-majors et aux Directeurs du Service de santé pour l'établissement des pièces périodiques qui devront être expédiées très régulièrement et aux dates indiquées, à mon Département, sous le timbre : *Inspection générale du Service de santé.*

Cette instruction calquée sur celle de M. le Ministre de la Guerre du 6 mars 1901, pour l'établissement de la statistique médicale de l'armée, a subi quelques modifications de détail qui sont exposées dans un préambule dont la lecture suffira pour en expliquer toute la portée.

Vous voudrez bien, dès la notification de cette dépêche, qui sera insérée au *Bulletin officiel des Colonies,* inviter MM. les Commandants supérieurs des troupes à prescrire la mise en vigueur de ladite instruction, et à tenir la main à ce que l'établissement et la transmission des différents comptes rendus, états, tableaux et rapports ne subissent aucun retard.

Recevez, Messieurs, les assurances de ma considération la plus distinguée.

Le Ministre des Colonies,

Signé : Gaston DOUMERGUE.

Instructions *pour l'établissement de la statistique médicale des troupes coloniales stationnées aux Colonies.*

OBSERVATIONS GÉNÉRALES.

Aux termes de l'article 24 de la loi du 7 juillet 1900, portant organisation des troupes coloniales, il sera dressé tous les ans, dans les formes prescrites pour l'Armée de terre par l'article 5 de la loi du 22 janvier 1851, une statistique médicale des troupes coloniales qui doit être établie par le Ministre des Colonies (article 14 du décret du 11 juin 1901).

La composition des troupes coloniales différant très sensiblement de celle de l'armée métropolitaine, il a paru indispensable d'apporter quelques modifications de détail à l'instruction du Ministre de la Guerre, du 6 mars 1901, pour l'établissement de la statistique médicale de l'armée.

L'indication de l'*effectif total*, qui comprend tous les hommes figurant sur les contrôles (en permission, en congé, hors cadres, à l'hôpital, etc.) a été maintenue parallèlement à celle de l'*effectif présent*.

Tous les éléments de l'*effectif total* concourent, en fait, aux entrées à l'hôpital, aux réformes, aux décès, aux rapatriements, et, en mettant le bilan pathologique des hommes de ces catégories au compte de l'*effectif présent*, quelquefois sensiblement plus faible, on arriverait à grossir artificiellement les chiffres de la morbidité et de la mortalité des troupes coloniales.

Classement des soldats de l'effectif présent en différentes catégories. — La Guerre divise les soldats de cet effectif en deux groupes :

1° Soldats ayant moins d'un an de service ;

2° Soldats ayant plus d'un an de service.

Pour les troupes coloniales, qui doivent être composées en majeure partie de soldats rengagés, il a paru nécessaire d'établir un classement qui permette d'apprécier d'une façon plus exacte le mode de résistance des hommes aux différentes étapes de leur vie sous les climats tropicaux.

Dans ce but, on a adopté la classification suivante :

1° Soldats âgés de moins de 21 ans (pour les engagés volontaires dans les Colonies) ;

2° Soldats âgés de 21 à 25 ans ;

3° Soldats âgés de 25 à 30 ans ;

4° Soldats de 30 ans et au-dessus.

Distinction de race. — Il est, en outre, une distinction d'une importance capitale pour l'établissement de la statistique des troupes coloniales, c'est celle qui doit permettre de grouper :

1° D'un côté, tous les hommes (officiers, sous-officiers et soldats) provenant de la métropole, et que l'on désigne sous le nom de : *troupes européennes*.

On comprendra aussi, sous cette dénomination, tous les soldats nés dans nos possessions d'outre-mer et enrôlés dans les troupes coloniales soit par engagement volontaire, soit par application de la loi relative au service militaire dans les Colonies. Ce mode de recrutement n'a été mis en vigueur jusqu'ici qu'à la Réunion.

2° De l'autre, tous les hommes (sous-officiers et soldats) qui auront été recrutés, en vertu des règlements spéciaux à chaque colonie, parmi les *populations natives* (Sénégalais, Soudanais, Haoussas, Malgaches, Annamites, Tonkinois, Cipahes, etc.), et qui serviront soit dans leur pays d'origine, soit dans une autre colonie. A ce deuxième groupe, on donnera le nom de : *troupes indigènes.*

Il conviendra, par suite, que dans les corps ou détachements mixtes, comprenant à la fois des troupes européennes et des troupes indigènes, les médecins fournissent une statistique spéciale pour chacun de ces groupes. Il en est de même pour les hôpitaux et ambulances qui recevront des militaires de ces deux catégories.

Dans les *régiments indigènes* (tirailleurs annamites, tirailleurs malgaches, tirailleurs sénégalais, tirailleurs tonkinois, etc.) dont le cadre d'officiers et la grande majorité de celui des sous-officiers est fourni par les troupes européennes, les médecins ne devront pas omettre d'établir une statistique distincte pour cette portion de l'effectif dont les moyennes seront notées aussi exactement que possible.

Rapatriements. — Le rapatriement est un mode de sortie, dans un corps de troupe, au même titre que la réforme ou le décès. Il n'existe pas pour l'armée de terre, mais il est, au contraire, assez fréquent pour les troupes coloniales, et motivé, le plus souvent, par des maladies endémiques.

Il a paru intéressant de réunir, sur ce point, des renseignements qui puissent permettre d'établir la cause et le nombre des rapatriements pour les différentes armes et les différents grades des troupes européennes servant aux Colonies, et pour les diverses garnisons d'une même colonie.

C'est aux médecins des corps ou détachements de troupes qu'il appartiendra de réunir tous les éléments d'information nécessaires pour dresser, dans l'*état VIbis*, la statistique des officiers, sous-officiers et soldats rapatriés pour cause de maladie, avant l'expiration de leur période régulière de séjour dans la colonie, soit directement par le corps, soit par l'hôpital. Pour ces derniers, le médecin-chef de l'hôpital ou de l'ambulance transmettra au médecin du corps ou détachement, les renseignements indispensables à l'établissement de l'*état VIbis*, dans lequel les rapatriements seront classés par maladies, d'après la nomenclature n° 1 annexée à la présente instruction. Le modèle de l'état VIbis sera semblable à celui de l'état V.

Établissement de la statistique dans chaque colonie. — Afin de pouvoir donner à la statistique médicale des troupes coloniales l'uniformité et la précision qu'elle comporte, et de permettre de faire, pour la morbidité et la mortalité des troupes stationnées dans nos différentes possessions d'outre-mer, des comparaisons établies sur des bases analogues, il a paru convenable d'assimiler l'ensemble des corps ou détachements de troupe répartis dans chacune de nos colonies, et relevant de l'autorité d'un même Commandant supérieur, *à un corps d'armée métropolitain.*

En vertu de ce principe, *le Directeur du Service de santé de chaque colonie* centralisera tous les renseignements qui lui seront fournis, d'après les règles énoncées dans l'instruction ci-jointe, par les médecins des corps et détachements de troupe, par les médecins-chefs des hôpitaux et ambulances, et établira la statistique mensuelle et la statistique annuelle des troupes stationnées dans la colonie.

Ces documents seront réunis et groupés au Ministère des Colonies, en conformité des prescriptions en vigueur, au Ministère de la Guerre, pour l'établissement de la statistique générale de l'armée.

Les officiers sans troupe qui échappent à toute centralisation médicale et pour lesquels on ne pourrait avoir des renseignements à peu près complets qu'en multipliant les états déjà assez nombreux qui servent actuellement de base à l'établissement de la statistique, ne figurent à aucun titre dans cette statistique.

Le compte rendu mensuel de l'état sanitaire des troupes est un document qui n'a que des rapports éloignés avec la statistique médicale annuelle, et dans lequel l'étendue et l'exactitude absolue des données restent subordonnées à la nécessité de renseigner rapidement le Ministre des Colonies sur l'état sanitaire des garnisons des différents postes de la colonie au cours de l'année.

C'est dans cet esprit qu'on a réduit *l'état des malades à la chambre* à la simple mention des *indisponibles*, divisés en *fiévreux* et *blessés*, et au nombre des journées d'indisponibilité. L'indication des journées de traitement à l'infirmerie et à l'hôpital ne figure pas dans ce compte rendu.

En ce qui concerne les *subsistants*, les délais dans lesquels doit être fourni le compte rendu mensuel ne permettent pas de faire parvenir à leur corps, en temps utile, les renseignements qui les concernent; on s'est borné à prescrire que les différentes particularités de leur état sanitaire fussent signalées au rapport, dans le compte rendu du corps auprès duquel ils sont en subsistance et dont ils partagent, du reste, toutes les influences de milieu, leur effectif étant indiqué à part, au-dessous de l'effectif propre du corps ou détachement de corps.

On a supprimé de ce compte rendu les *réservistes* et les *militaires de l'armée territoriale*, ces unités n'existant pas jusqu'ici dans les Colonies. Seule la Réunion, où a été mise en vigueur la loi sur le service militaire, compte des réservistes ; ils feront l'objet d'une mention spéciale dans le rapport.

La statistique annuelle prescrite aux corps ou détachements de corps de troupe, et aux hôpitaux et ambulances, sert seule de base à la statistique médicale annuelle de la Direction du Service de santé de chaque colonie et à la statistique médicale annuelle des troupes coloniales. On est donc fondé à en réclamer toutes les garanties de précision et d'exactitude désirables ; c'est à se rapprocher le plus possible de cet objectif que tendent les présentes instructions.

La statistique annuelle d'un corps ou d'un détachement de troupe constituant une sorte de compte moral de ce corps ou détachement, doit se rapporter à l'ensemble des éléments dont il se compose, à l'exclusion de tout élément étranger. Dans cet ordre d'idées, c'est bien au corps auquel ils appartiennent qu'incombe le soin de tenir compte de l'état sanitaire des *subsistants*.

Les prescriptions relatives aux hommes entrant plusieurs fois à l'hôpital, à l'ambulance ou à l'infirmerie, pour la même maladie, ou atteints, dans ces positions, d'une maladie différente de celle qui a motivé leur admission, ont respectivement pour but de supprimer les doubles emplois, qui se produisent fréquemment, et de ne laisser échapper à la statistique aucune affection présentant un réel intérêt au point de vue de l'épidémiologie militaire.

Dans les différents *états* et *tableaux* de la statistique des troupes coloniales, les maladies seront classées d'après les deux nomenclatures annexées à la présente instruction.

1° *Nomenclature générale n° 1.* — Elle sera utilisée pour : les *corps et détachements de troupe* (compte rendu mensuel; états V, VI et VI *bis* de la statistique annuelle): les *hôpitaux et ambulances* (compte rendu mensuel); les *Directions du Service de santé* (tableaux V, VI et VIbis de la statistique annuelle);

2° *Nomenclature résumée n° 2.* — Elle sera employée pour : les *corps et détachements de troupe* (états III et IV de la statistique annuelle); les *hôpitaux et ambulances* (statistique annuelle); les *Directions du Service de santé* (tableaux III, IV et VII de la statistique annuelle).

Cette nomenclature résumée ne se borne pas à enregistrer individuellement les principales maladies épidémiques, mais s'étend, en outre, aux affections importantes de tout ordre observées dans la pathologie des troupes coloniales. Elle permettra de donner aux recherches sur la morbidité et la mortalité du soldat par mois, par arme, par corps ou détachement de corps, par garnison, par colonie, toute la précision qu'elles comportent.

L'instruction ci-jointe précise les points sur lesquels devront porter principalement les rapports des médecins, chefs de service dans les corps ou détachements de troupe, des médecins-chefs des hôpitaux et ambulances et des Directeurs du Service de santé des Colonies.

Afin d'apporter à la statistique médicale des troupes coloniales le plus grand développement et la précision la plus rigoureuse, il importe que les différentes prescriptions de l'instruction ci-jointe soient suivies point par point. Les Directeurs du Service de santé auront pour devoir d'exercer le contrôle le plus sévère en vue d'assurer son exécution.

Les médecins des corps et détachements de troupe, les médecins-chefs des hôpitaux et ambulances et les Directeurs du Service de santé conserveront, cependant, toute latitude pour consigner, à la suite de leur rapport, les renseignements qu'ils estimeront être de nature à offrir quelque intérêt au point de vue de la clinique, de l'épidémiologie, de la climatologie, de la géographie médicale, de la météorologie, etc.

Cette partie du rapport, non prévue par l'instruction, fera l'objet d'un chapitre spécial, sous la dénomination : *annexes*.

On a résumé, à la suite de cette instruction, les différents modèles d'*états*, *tableaux statistiques* et *rapports* à fournir par les corps ou détachements de troupe, les hôpitaux et ambulances et les Directions, à l'exclusion des modèles prescrits par le Règlement sur le Service de santé à l'intérieur.

Ces *comptes rendus*, *états* et *tableaux* ont été établis conformément aux modèles rendus réglementaires pour la statistique médicale de l'armée, par l'*instruction ministérielle du 6 mars 1901*.

Quelques modifications, découlant de l'organisation spéciale des troupes coloniales, ont paru cependant nécessaires ; ce sont :

Corps ou détachements de troupe.

Compte rendu mensuel. Modèle n° 1. — Suppression de l'effectif des réservistes et des militaires de l'armée territoriale.

Pour les malades à l'infirmerie et à l'hôpital, on a ajouté une colonne destinée à enregistrer les *rapatriements*.

Statistique annuelle. État I. — Subdivision de l'effectif des soldats en quatre catégories ;
Addition d'une colonne pour les rapatriements.

État II. — Il est consacré, dans la statistique de la guerre, à l'effectif et au mouvement général des malades de la réserve et de l'armée territoriale. Ces unités n'étant pas représentées dans la plupart des colonies, ou n'y figurant qu'avec des effectifs tout à fait restreints, il n'a pas paru nécessaire d'en tenir compte dans la statistique des troupes coloniales. Par suite, l'état II a été consacré à l'*effectif et au mouvement général des malades des troupes indigènes*. Le modèle de cet état est semblable à celui de l'état I.

États III, IV, V, VI, VI bis. — Subdivision de l'effectif des soldats en quatre catégories.

État VI bis. Rapatriements. — Cet état a été ajouté. Il n'y aura lieu de l'établir, dans la plupart des colonies, que pour les troupes européennes, les troupes indigènes servant, d'ordinaire, dans leur pays d'origine et n'étant, par conséquent, pas susceptibles de rapatriement. Le modèle adopté est en tout conforme à celui de l'état V.

Directions du Service de santé.

Compte rendu mensuel des Directions. — Addition d'une colonne pour les rapatriements.

. Les sept premiers *tableaux* (tableaux I, II, III, IV, V, VI et VI *bis*) de la *statistique mensuelle des Directions du Service de santé* sont la reproduction intégrale des états correspondants des corps ou détachements de troupe. La symétrie est complète; il en résultera une simplification notable dans le travail de centralisation.

Toutes les colonnes ajoutées portent des numéros *bis*, afin que les tableaux de la statistique des troupes coloniales soient comparables aussi exactement que possible à ceux de la statistique de la Guerre. Les numéros des colonnes étant les mêmes de part et d'autre, les recherches et les rapprochements seront rendus plus faciles.

Telles sont les principales dispositions au moyen desquelles on s'est efforcé de réaliser les conditions d'ordre, de clarté et de précision nécessaires pour assurer aux documents de la statistique médicale des troupes coloniales le caractère d'utilité pratique et la valeur scientifique qu'on est en droit d'en attendre.

PREMIÈRE PARTIE.

*ÉTATS STATISTIQUES ET RAPPORTS À ÉTABLIR DANS LES CORPS OU DÉTA-
CHEMENTS DE TROUPE, HÔPITAUX ET AMBULANCES ET DIRECTIONS DU
SERVICE DE SANTÉ.*

ARTICLE PREMIER.

La statistique médicale des troupes coloniales comprend des comptes rendus mensuels et des statistiques annuelles.

Les comptes rendus mensuels et les statistiques annuelles sont établis par le médecin, chef de service, dans chacun des corps ou détachements de troupes coloniales ou de troupes de l'armée de terre en service aux Colonies.

Les retraités ou réformés, rayés des contrôles des corps, maintenus en traitement, ne doivent figurer à aucun titre dans la statistique.

La statistique des hôpitaux et ambulances ne doit pas comprendre, dans ses états, les officiers sans troupe.

Corps ou détachements de troupe.

Compte rendu mensuel.

ART. 2.

Le compte rendu mensuel est établi, dans chaque corps de troupe ou détachement de corps de troupe, conformément au modèle annexé à la présente instruction (modèle n° 1).

Les militaires en subsistance dans le corps ou le détachement ne figurent pas sur les états du compte rendu mensuel ; les particularités qui les concernent sont signalées dans le rapport.

La portion principale d'un corps, un bataillon ayant des compagnies détachées, etc., ne doivent pas tenir compte de l'état sanitaire des détachements, ceux-ci fournissant un compte rendu indépendant.

ART. 3.

Les corps ou détachements de troupes établissent toujours le compte rendu mensuel au titre de la colonie qu'ils occupent.

Quand un corps de troupe ou un détachement de troupe passe d'une colonie dans une autre, il est établi en fin de mois deux comptes rendus mensuels adressés : l'un au Directeur du Service de santé de la colonie quittée, pour le temps passé dans cette colonie et en route ; l'autre, pour le reste du mois, au Directeur du Service de santé de la nouvelle colonie.

ART. 4.

Le compte rendu mensuel comprend :

1° Un état des malades à la chambre indiquant le nombre des indisponibles exempts de tout service et des journées d'indisponibilité ;

2° Un état des malades à l'infirmerie ;

3° Un état des malades à l'hôpital, ou à l'ambulance ;

4° Un rapport sur le service médico-chirurgical et sur l'état sanitaire. Ce rapport doit signaler les maladies traitées à la chambre et à l'infirmerie offrant un intérêt au point de vue de la constitution médicale ; les épidémies observées ; les différents traumatismes ; les morts accidentelles, violentes, subites, indépendamment des rapports réglementaires, prescrits d'autre part, auxquels les divers événements ont donné lieu ; les réformes prononcées.

Les décès survenus en dehors de l'infirmerie et de l'hôpital ou de l'ambulance seront portés au tableau de l'infirmerie, avec mention spéciale, à la colonne « Observations », du lieu précis du décès, à la chambre, en marche, etc.

ART. 5.

Le compte rendu mensuel ne peut, dans aucun cas, être réclamé avant la fin du mois auquel il se rapporte. Il doit être remis le 5 du mois suivant au Chef du corps ou du détachement, qui l'adresse directement, et sans passer par la voie hiérarchique, au Directeur du service de santé de la colonie.

Statistique annuelle.

ART. 6.

La statistique annuelle est établie pour chacun des corps de troupe ou détachements de troupe stationnés aux Colonies conformément aux modèles annexés à la présente instruction (modèles n°^{s} 2 à 8).

Les subsistants sont portés par les corps auxquels ils appartiennent.

ART. 7.

Quand un corps de troupe est fractionné dans les limites d'une même colonie, la statistique annuelle est établie à la portion centrale pour toutes les fractions ; à cet effet, les Chefs de corps veilleront à ce que les détachements envoient à la portion centrale tous les renseignements nécessaires.

Quand un corps de troupe occupe différentes colonies, il est établi une statistique annuelle pour chaque fraction au titre de la colonie qu'elle occupe. Si la fraction isolée comporte elle-même plusieurs détachements dans la même colonie, c'est au détachement principal qu'il appartient d'établir la statistique annuelle pour tous les détachements.

La statistique annuelle d'un corps ne doit donc, dans aucun cas, comprendre les détachements de ce corps dans une autre colonie.

Quand un corps de troupe se rend d'une colonie dans une autre, la statistique établie dans la forme de la statistique annuelle pour le temps passé dans la première colonie et en route est remise au Chef de corps le 5 du deuxième mois suivant l'arrivée du corps à sa nouvelle destination. Elle doit être transmise sans retard au Directeur du Service de santé de la colonie que le corps vient de quitter. La statistique est établie, pour le reste de l'année, au titre de la nouvelle colonie.

Quand une fraction de corps de troupe se rend d'une colonie dans une autre, elle établit, en fin d'année, une seule statistique au titre de la nouvelle colonie, pour le temps qu'elle y passe. La fraction restée sur place embrasse, dans sa statistique de fin d'année, la statistique de la fraction qui a quitté la colonie pour le temps passé en commun.

Les corps ou fractions de corps rentrant d'une colonie dans la métropole en fin de séjour, les officiers, sous-officiers ou soldats rapatriés pour cause de maladie cessent définitivement de compter dans les effectifs de la colonie du jour de leur embarquement pour la France ; il ne doit donc plus en être fait état dans la statistique médicale.

ART. 8.

Lorsqu'un malade entre, à plusieurs reprises, à l'infirmerie, à l'hôpital ou à l'ambulance dans le courant de l'année, pour une affection à caractère récidivant (paludisme, syphilis, etc.), ses entrées successives sont comptées intégralement, mais il est fait mention à la colonne «Observations», en regard de la maladie correspondante, du nombre d'entrées de cette catégorie.

Lorsqu'un malade en cours de traitement à l'infirmerie, à l'hôpital ou à l'ambulance, contracte une nouvelle maladie, il est porté au titre de la maladie qui présente le plus d'importance. Il est fait mention de l'autre affection à la colonne «Observations», ainsi que du nombre de journées de traitement.

ART. 9.

La statistique annuelle comprend :

1° *Deux états* des *effectifs moyens* et du *mouvement général des malades*. (État I : Troupes européennes ; — État II : Troupes indigènes.) Les colonnes des effectifs dans les états I et II sont remplies par l'Officier trésorier.

2° *Un état des malades à l'infirmerie*, établi d'après la nomenclature n° 2. (État III.)

Le malade passé de l'infirmerie à l'hôpital pour la même maladie ne doit figurer dans cet état ni comme entrée, ni comme journées de traitement. Les hommes de cette catégorie seront portés en bloc sous une mention spéciale, à la suite de l'état, comme entrées et journées de traitement.

3° *Un état des malades à l'hôpital* ou *à l'ambulance*, établi d'après la nomenclature n° 2. (État IV.) ;

4° *Un état des décès*, établi d'après la nomenclature n° 1 (État V); indiquer dans la colonne «Observations» le lieu du décès : chambre, en marche, infirmerie, hôpital, etc.

5° *Un état des réformes, retraites et mises en non-activité*, établi d'après la nomenclature n° 1. (État VI.)

6° *Un état des malades rapatriés*, établi d'après la nomenclature n° 1. (État VI *bis*.)

7° *Un rapport sur le service médico-chirurgical*, et sur l'état sanitaire du corps ou détachement pendant l'année.

On devra dans ce rapport :

1° Indiquer les circonstances qui ont pu influer sur la morbidité du corps ; donner, en particulier, un aperçu du travail fourni pendant l'année ; date des tirs de guerre, dates et nature des manœuvres ; dates des changements de garnison, date des colonnes ou expéditions de guerre, leur durée, etc. ; signaler les accidents dus à la chaleur et au froid, les intoxications alimentaires ; comparer l'état sanitaire de l'année avec l'état sanitaire des années précédentes.

2° Signaler et décrire les épidémies survenues sous les chefs suivants :

Caserne, corps ou fraction de corps ;

Effectif moyen pendant la durée de l'épidémie ;

Date du premier cas, date du dernier cas ;

Nombre de cas ;

Nombre de décès ;

Origine présumée ;

Mesures prophylactiques.

3° Énumérer les blessures de guerre et les différents traumatismes professionnels et autres, dans la forme du tableau suivant. Les traumatismes seront classés par groupes de même origine, conformément à l'ordre adopté dans la statistique médicale de l'armée. (Blessures par coup de feu ; blessures par coup de pied de cheval ; blessures par chute de cheval ; blessures au gymnase ; blessures par chute dans les escaliers ; blessures par chute de bicyclette ; blessures produites dans les ateliers militaires par machines, outils, etc.)

BLESSÉS.				NATURE du TRAU-MATISME.	CIRCON-STANCES du TRAU-MATISME.	MODE de TER-MINAISON.	CONSÉQUENCES AU POINT DE VUE du service : réformes, retraites, etc.
CORPS.	GRADE.	EURO-PÉENS.	INDI-GÈNES.				

4° Énumérer les maladies simulées ou alléguées ;

Les mutilations volontaires ;

Les morts subites ;

Les suicides et tentatives de suicide ;

Les décès survenus à la chambre, et, d'une manière générale, en dehors de l'hôpital (y compris les décès en permission ou congé) avec la mention du lieu et des circonstances du décès.

5° Indiquer, pour les rapatriements, les particularités relatives à l'âge et à la durée des services aux Colonies.

Chacun de ces chefs devra être toujours l'objet d'une indication spéciale, dût-elle être suivie de la mention «néant».

6° Dans les colonies où des réservistes et des soldats de l'armée territoriale seront appelés à faire des périodes d'exercice, ce rapport fera mention de leur nombre, du nombre des malades à la chambre, du nombre des entrées à l'infirmerie, à l'hôpital ou à l'ambulance, et enfin du nombre des décès.

7° Établir un résumé d'ensemble de toutes les vaccinations et revaccinations pratiquées du 1er janvier au 31 décembre, en ayant soin d'indiquer la nature, l'origine, la date du vaccin, ainsi que toutes les particularités qui auraient pu se présenter pendant l'évolution de l'inoculation vaccinale.

ART. 10.

La statistique annuelle doit être remise chaque année le 1er avril au chef de corps ou de détachement, et parvenir directement, sans passer par la voie hiérarchique, au Directeur du service de santé de la colonie.

Hôpitaux et ambulances.

Compte rendu mensuel.

ART. 11.

Le compte rendu mensuel est établi par le médecin-chef dans chaque hôpital ou ambulance.

ART. 12.

Il comporte :

1° Un *état numérique* par maladies et par corps conforme au modèle annexé à la présente instruction (modèle n° 9), comprenant les militaires des troupes coloniales décédés ou entrés dans le mois pour toute affection susceptible de revêtir le caractère épidémique;

2° Un *rapport sur le service médico-chirurgical* et sur l'état sanitaire de la garnison, qui visera spécialement les maladies épidémiques, les principaux traumatismes traités, ainsi que les principales opérations chirurgicales.

ART. 13.

Le compte rendu mensuel des hôpitaux ou ambulances est adressé au Directeur du Service de santé le 5 du mois suivant celui auquel il se rapporte.

Statistique annuelle.

ART. 14.

La statistique annuelle est établie par le médecin-chef dans chaque hôpital ou ambulance.

ART. 15.

La statistique annuelle comporte :

1° Un *état du mouvement général des malades* conforme au modèle annexé à la présente instruction et établi d'après la nomenclature numéro 2 (modèle n° 10).

2° Un *rapport sur le service médico-chirurgical*. Ce rapport donnera un aperçu de l'état sanitaire de la garnison pendant l'année ; il traitera de toutes les *maladies épidémiques* ou susceptibles de revêtir le caractère épidémique observées dans l'année, spécialement au point de vue *clinique* et *thérapeutique*, et embrassera toutes les *affections endémiques* présentant un intérêt particulier pour la pathologie du soldat. Un chapitre spécial sera consacré à l'étude de la *tuberculose* (fréquence, évolution, contagion, etc.) et des *maladies vénériennes*.

Il signalera les maladies simulées ou provoquées, les mutilations volontaires.

Il présentera un état des opérations pratiquées, classées par régions anatomiques (tête, cou, thorax, etc.), conformément à l'ordre adopté dans la statistique médicale de l'armée, et dans la forme suivante :

OPÉRÉS.				LÉSIONS ayant NÉCESSITÉ l'intervention.	OPÉRATIONS PRATIQUÉES.	RÉSULTATS OPÉRATOIRES.	CONSÉQUENCES AU POINT DE VUE du service : réformes, retraites, etc.
CORPS.	GRADE.	EUROPÉENS.	INDIGÈNES.				

ART. 16.

La statistique annuelle des hôpitaux ou ambulances qui comprend exclusivement les militaires des corps de troupes ou détachements de troupes coloniales, ou des corps ou détachements de corps de l'armée métropolitaine en service aux Colonies, devra parvenir au Directeur du Service de santé de la colonie, le 1er avril de l'année qui suit l'exercice auquel elle est afférente.

Directions du Service de santé des Colonies.

Compte rendu mensuel.

ART. 17.

Dans chaque colonie, les comptes rendus mensuels sont centralisés, dans les conditions spécifiées à l'article 5, par le Directeur du Service de santé de la colonie.

Les colonnes relatives à l'emplacement et à l'effectif des troupes sont remplies par les soins du Commandant supérieur des troupes.

ART. 18.

Le compte rendu mensuel de la Direction du Service de santé d'une colonie comprend :

1° Un *état statistique* conforme au modèle annexé à la présente instruction (modèle n° 11);

2° Un *rapport sur l'état sanitaire des troupes* stationnées dans la colonie pendant le mois.

Les Directeurs du Service de santé doivent s'assurer de l'exactitude des indications portées sur les comptes rendus mensuels des corps ou détachements de troupe.

ART. 19.

Le compte rendu mensuel de la Direction du Service de santé d'une colonie doit parvenir au Ministre des Colonies sous le timbre : *Inspection générale du Service de santé*, par l'intermédiaire du Commandant supérieur des troupes et du Gouverneur, avant le 15 du troisième mois suivant celui auquel il se rapporte.

Statistique annuelle.

ART. 20.

Les statistiques annuelles des corps ou détachements de troupe, des hôpitaux et des ambulances, sont centralisées à la Direction du Service de santé de la colonie dans les mêmes conditions que les comptes rendus mensuels, et établies conformément aux modèles annexés à la présente instruction (modèles n°ˢ 12 à 19).

En procédant à cette opération, les Directeurs s'assurent :

1° Que les chiffres des effectifs sont en concordance avec ceux qui leur ont été fournis par le Commandant supérieur des troupes;

2° Que tous les corps de troupe et détachements de corps de troupe, hôpitaux et ambulances appartenant à la colonie, et tenus à l'établissement d'une statistique annuelle, ont produit les différents *états* et *rapports* dont elle se compose; que les maladies sont énumérées et classées conformément aux nomenclatures prescrites, et que les totaux partiels et généraux sont exacts et concordent entre eux;

3° Qu'aucun corps de troupe n'a compris une fraction détachée dans une autre colonie;

4° Que les corps ou détachements ayant quitté la colonie, dans le courant de l'année, se sont conformés aux dispositions mentionnées plus haut;

5° Que les différents états des corps ou détachements, des hôpitaux et ambulances ne comprennent bien que des militaires rentrant dans la statistique médicale des troupes coloniales ou des troupes métropolitaines en service aux Colonies (article 1er);

6° Que le chiffre des malades et des journées de traitement de la statistique des hôpitaux et ambulances est en concordance avec celui des comptes annuels en journées, en tant que ces journées se rapportent aux corps ou détachements de troupe.

ART. 21.

La statistique annuelle comprend :

1° Un *tableau des effectifs moyens et du mouvement général des malades* des troupes européennes portés :

a. Par corps ou détachements de corps d'après les indications fournies par l'état I de la statistique annuelle des corps ou détachements de troupe et totalisés par arme;

b. Par mois. (Tableau I.)

2° Un *tableau des effectifs moyens et du mouvement général des malades* des troupes indigènes portés :

a. Par corps ou détachement de corps d'après les indications fournies par l'état II de la statistique annuelle des corps ou détachements de troupe, et totalisés par arme;

b. Par mois. (Tableau II.)

3° Un *tableau* des maladies traitées *à l'infirmerie* groupées conformément à la nomenclature numéro 2 et portées par mois et par arme d'après les indications fournies par l'état III de la statistique annuelle des corps ou détachements de troupe. (Tableau III.)

4° Un *tableau* des maladies traitées *à l'hôpital et à l'ambulance* groupées conformément à la nomenclature numéro 2, et portées par mois et par arme d'après les indications fournies par l'état IV de la statistique annuelle des corps de détachement des troupes. (Tableau IV.)

5° Un *tableau des décès* portés par unités morbides conformes aux numéros de la nomenclature numéro 1, par mois et par arme, d'après les indications fournies par l'état V de la statistique annuelle des corps ou détachements de troupe. (Tableau V.)

6° Un *tableau des retraites, réformes et non-activités* portées par unités morbides conformes aux numéros de la nomenclature numéro 1, par mois et par arme, d'après les indications fournies par l'état VI de la statistique annuelle des corps ou détachements de troupe. (Tableau VI.)

7° Un *tableau* des malades *rapatriés* portés par unités morbides conformes aux numéros de la nomenclature numéro 1, par mois et par arme, d'après les indications fournies par l'état VI *bis* de la statistique annuelle des corps de troupe. (Tableau VI *bis*.)

8° Un *tableau* des admissions à l'hôpital ou à l'ambulance, et des décès par maladies groupées conformément à la nomenclature numéro 2, et *par garnison*, d'après les indications fournies par la statistique annuelle des hôpitaux et ambulances. (Tableau VII.) Les garnisons seront classées par ordre alphabétique.

9° Un *tableau* récapitulatif des *vaccinations* et *revaccinations* exécutées dans l'année, avec indication de la nature du vaccin, de sa provenance, de sa date, et des particularités présentées par l'évolution de l'inoculation vaccinale.

10° Un *rapport détaillé sur l'état sanitaire* des troupes stationnées dans la colonie pendant l'année, reproduisant toutes les données prescrites pour les rapports des statistiques annuelles des corps ou détachements, des hôpitaux et ambulances, mais présentant de plus une vue d'ensemble sur :

a. Les conditions générales du logement, de l'habillement, des exercices, des manœuvres, des colonnes ou opérations militaires, qui ont pu influer sur la morbidité des troupes;

b. Les conditions générales du recrutement, de l'état sanitaire des troupes indigènes et créoles;

c. Les épidémies survenues dans l'année, étudiées par garnison;

d. Les affections endémiques (paludisme, fièvre bilieuse hémoglobinurique, diarrhée, dysenterie, hépatites, etc.) au point de vue de leur fréquence, de leur gravité, de leur répartition géographique ou saisonnière, de leur curabilité, de leur prophylaxie, etc.

L'état sanitaire de l'année sera comparé à celui des années précédentes;

e. Les rapatriements au point de vue de leur cause (pour paludisme, pour autres affections endémiques, etc.), de leur nombre, du temps de service des malades qui ont été l'objet de cette mesure, de leurs séjours antérieurs dans la même colonie ou dans une autre colonie, etc.

Le Commandant supérieur des troupes y apposera son visa, et, s'il y a lieu, consignera ses observations.

ART. 22.

La statistique annuelle de la Direction du Service de santé de chaque colonie doit parvenir au Ministre des Colonies sous le timbre : *Inspection générale du Service de santé*, par l'intermédiaire du Commandant supérieur des troupes et du Gouverneur, avant le 1ᵉʳ du mois de juillet suivant l'exercice au titre duquel elle est établie.

ART. 23.

Les Commandants supérieurs des troupes, les Directeurs du Service de santé des Colonies, les médecins-chefs des hôpitaux et ambulances, les médecins, chefs de service des corps et détachements de troupe, sont invités, en ce qui les concerne, à se conformer aux règles posées dans la présente instruction qui abroge toutes les dispositions antérieures. Elle sera appliquée au compte rendu mensuel à partir du 1ᵉʳ janvier 1903, et servira de base à l'établissement de la statistique médicale des troupes coloniales pour l'année 1902.

Paris, le 26 août 1902.

Le Ministre des Colonies,

Signé : Gaston DOUMERGUE.

DEUXIÈME PARTIE.

Nomenclatures.

La nomenclature générale n° 1 sert à l'établissement des *comptes rendus mensuels* des corps ou détachements de troupe, des *états V, VI et VIbis* de la statistique annuelle des corps ou détachements de troupe, et des *tableaux V, VI et VIbis* de la statistique annuelle des Directions du Service de santé des Colonies.

On devra se conformer strictement à ces indications et à l'ordre adopté, tout en gardant la latitude de porter comme *numéros bis* ou *ter* les cas particuliers non prévus, à la suite des maladies qui s'en rapprochent le plus.

Lorsqu'un malade succombe à une complication d'une maladie générale ou d'une affection organique bien déterminée, le décès doit toujours être porté au titre de la maladie primitive, avec la mention (entre parenthèses) de la complication cause du décès.

La nomenclature résumée n° 2 est utilisée pour l'établissement des *états III et IV* de la statistique annuelle des corps de troupe ou détachements de corps de troupe, *pour la statistique annuelle* des hôpitaux et ambulances, et pour les *tableaux III, IV et VII* de la statistique annuelle des Directions.

NOMENCLATURE GÉNÉRALE N° 1.

CORPS ET DÉTACHEMENTS DE CORPS DE TROUPE (Compte rendu mensuel; États V, VI et VI *bis* de la statistique annuelle).

HÔPITAUX ET AMBULANCES (Compte rendu mensuel).

DIRECTION DU SERVICE DE SANTÉ (Tableaux V, VI et VI *bis* de la statistique annuelle).

DIVISIONS GÉNÉRALES.

I. Maladies générales.
II. Maladies du système nerveux.
III. . Maladies de l'appareil respiratoire.
IV. Maladies de l'appareil circulatoire.
V. Maladies de l'appareil digestif.
VI. Maladies de l'appareil génito-urinaire.
VII. Maladies du système locomoteur (muscles, os, articulations, etc.).
VIII. Maladies des yeux.
IX. Maladies des oreilles.
X. Maladies de la peau.
XI. Maladies vénériennes.
XII. Lésions traumatiques (non compris les suicides et les morts accidentelles).
XIII. Maladies diverses non classées.
XIV. Accidents produits par le froid, la chaleur ou l'électricité.
XV. Accidents divers, intoxications, morts accidentelles.
XVI. Suicides et tentatives de suicide.
XVII. Mutilations, simulations, malades en observation.

Iʳᵉ SECTION.

Maladies générales.

1. Fièvre éphémère, courbature.
2. Grippe.
3. Embarras gastrique fébrile.
4. Fièvre typhoïde.
5. Typhus exanthématique.
6. Variole. — Varioloïde.
7. Varicelle.
8. Rougeole.
9. Rubéole.
10. Scarlatine.
11. Oreillons.
12. Méningite cérébro-spinale épidémique.
12 *bis*. Maladie du sommeil.
13. Érysipèle.
14. Pyohémie et septicémie.

15. Tétanos.
16. Diphtérie.
17. Paludisme :

  a. Accès palustre intermittent;
  b. Fièvre rémittente palustre;
  c. Fièvre typho-malarienne;
  d. Accès pernicieux;
  e. Formes larvées du paludisme;
  f. Cachexie palustre.

17 *bis.* Fièvre récurrente.
18. Fièvre bilieuse hémoglobinurique.
19. Béribéri.
19 *bis.* Lèpre.
20. Fièvre jaune.
20 *bis.* Fièvre inflammatoire.
21. Peste.
22. Suette.
22 *bis.* Dengue.
23. Choléra sporadique ou nostras.
24. Choléra épidémique ou asiatique.
25. Dysenterie.
26. Tuberculose :

  a. Miliaire, aiguë;
  b. Pulmonaire, pleurale, laryngée;
  c. Abdominale;
  d. Méningée et cérébrale;
  e. Des organes génito-urinaires;
  f. Des ganglions lymphatiques;
  g. Des os et articulations;
  h. Des autres organes ou tissus.

27. Scrofulose.
28. Morve et farcin.
29. Charbon et pustule maligne.
30. Rage.
31. Rhumatisme :

  a. Musculaire ;
  b. Articulaire aigu;
  c. Articulaire chronique;
  d. Viscéral.

32. Goutte.
33. Gravelle urique, oxalique.
34. Diabète :

  a. Sucré;
  b. Autres formes.

35. Cancer et tumeurs malignes (quel que soit leur siège).
36. Actinomycose.
37. Anémie (en dehors des cachexies spécifiques).
38. Leucémie, adénie, anémie pernicieuse.
38 *bis.* Filariose.
39. Faiblesse de constitution.
40. Purpura.
41. Scorbut.
42. Rachitisme.
43. Alcoolisme :

  a. Aigu;
  b. Chronique.

II° SECTION.

Maladies du système nerveux.

44. Névrites.
45. Névralgies :

  a. Faciale;
  b. Intercostale;
  c. Sciatique;
  d. Autres formes.

46. Zona.
47. Paralysies périphériques :

  a. Hémiplégie faciale;
  b. Paralysie du deltoïde;
  c. Autres formes.

48. Myélites :

  a. Aiguës;
  b. Chroniques.

49. Ataxie locomotrice progressive.
50. Paraplégie.
51. Méningite primitive non tuberculeuse.
52. Congestion cérébrale et méningée.
53. Hémorrhagie cérébrale et méningée.
54. Ramollissement cérébral.
55. Encéphalite, abcès de l'encéphale.

56. Tumeurs de l'encéphale.
57. Hémiplégie.
58. Tétanie et spasmes fonctionnels.
59. Chorée.
60. Hystérie.

61. Épilepsie.
62. Neurasthénie.
63. Paralysie générale.
64. Aliénation mentale.
65. Idiotie, imbécillité.

IIIe Section.

Maladies de l'appareil respiratoire.

66. Epistaxis.
67. Coryza.
68. Ozène.
69. Polypes des fosses nasales et naso-
pharyngiens.
70. Maladies des sinus.
71. Laryngite :

    a. Aiguë ;
    b. Chronique.

72. OEdème de la glotte.
73. Corps étrangers dans le larynx.
74. Goître :

    a. Aigu, épidémique ;
    b. Chronique.

75. Bronchite :

    a. Aiguë ;
    b. Chronique non tuberculeuse.

76. OEdème pulmonaire aigu.
77. Congestion et apoplexie pulmonaires.
78. Hémoptysie non tuberculeuse.
79. Emphysème pulmonaire.
80. Asthme.
81. Broncho-pneumonie, bronchite ca-
pillaire.
82. Pneumonie :

    a. Aiguë ;
    b. Chronique.

83. Gangrène pulmonaire.
84. Pleurésie :

    a. Aiguë, séro-fibrineuse ;
    b. Sèche, pleurite ;
    c. Chronique ;
    d. Purulente.

85. Pneumothorax.

IVe Section.

Maladies des appareils circulatoire et lymphatique.

86. Palpitations.
87. Hypertrophie et dilatation du cœur.
88. Myocardite, dégénérescence grais-
seuse.
89. Péricardite.
90. Endocardite.
91. Maladies organiques du cœur.
92. Goître exophtalmique.
93. Angine de poitrine.

94. Syncope.
95. Artérite et gangrène sénile.
96. Anévrismes.
97. Varices et ulcères variqueux.
98. Hémorrhoïdes.
99. Varicocèle.
100. Phlébite, thrombose.
101. Lymphangite et adénite.

Ve Section.

Maladies de l'appareil digestif.

102. Affection des dents et complications.
103. Stomatite simple.
104. Stomatite ulcéro-membraneuse.

105. Glossite.
106. Parotidites (autres que les oreillons).
107. Grenouillette.

108. Angine :

    a. Aiguë;
    b. Chronique.

109. Corps étrangers de l'œsophage.
110. Rétrécissement de l'œsophage.
111. Dyspepsie, gastralgie.
112. Dilatation de l'estomac.
113. Ulcère rond de l'estomac.
114. Hématémèse.
115. Indigestion.
116. Embarras gastrique sans fièvre.
117. Constipation.
118. Diarrhée :

    a. Aiguë.
    b. Chronique.

118 *bis*. Rectite.
119. Coliques, entéralgie.
119 *bis*. Entéro-colite.
120. Étranglement interne, occlusion intestinale.
121. Hernie (indiquer le siège) :

    a. Simple.
    b. Etranglée.

122. Appendicite, typhlite, pérityphlite.

123. Tœnias.
124. Lombrics, oxyures et autres vers intestinaux.
124 *bis*. Distomatose.
125. Fissure à l'anus.
126. Fistule à l'anus.
127. Chute du rectum.
128. Péritonite non tuberculeuse :

    a. Aiguë;
    b. Chronique.

129. Ascite.
130. Congestion, hypertrophie du foie.
131. Hépatite :

    a. Aiguë;
    b. Chronique, cirrhose atrophique et hypertrophique du foie;
    c. Suppurée.

132. Ictère catarrhal.
133. Ictère grave.
134. Lithiase biliaire, coliques hépatiques.
135. Kystes hydatiques du foie.
136. Affections de la rate.

·VIe Section.

Maladies non vénériennes de l'appareil génito-urinaire.

137. Néphrite :
    a. Aiguë;

    b. Chronique.

138. Pyélite, pyélo-néphrite.
139. Périnéphrite et phlegmon périnéphrétique.
140. Lithiase rénale, coliques néphrétiques.
141. Calculs vésicaux.
142. Cystite :

    a. Aiguë;
    b. Chronique.

143. Hématurie.
144. Rétention d'urine.

145. Incontinence d'urine.
146. Spermatorrhée.
147. Uréthrite non blennorrhagique.
148. Rétrécissement de l'urèthre et complications.
149. Balanite, herpès, végétations sur le gland et le prépuce.
150. Phimosis et paraphimosis.
151. Maladies de la prostate.
152. Orchite chronique et autres maladies non spécifiques du testicule ou de l'épididyme.
153. Cryptorchidie, testicule à l'anneau.
154. Hydrocèle, hématocèle.
155. Corps étrangers de la vessie et de l'urèthre.

VIIe Section.

Maladies du système locomoteur.

156. Myosite.
157. Synovite tendineuse, kystes synoviaux, hygroma.
158. Rupture musculaire ou tendineuse, hématome musculaire.
159. Hernie musculaire.
160. Contracture, rétraction musculaire.
161. Ostéome.
162. Ostéite, périostite.
163. Ostéo-myélite.
164. Exostose.
165. Carie.

166. Nécrose.
167. Tarsalgie.
168. Entorse (indiquer le siège).
169. Arthrite :

    a. Aiguë ;
    b. Chronique non tuberculeuse.

170. Hydarthrose.
171. Hémarthrose.
172. Corps étrangers articulaires.
173. Ankylose.

VIIIe Section.

Maladie des yeux.

174. Maladies des paupières :

    a. Blépharite ;
    b. Entropion, ectropion.

175. Maladie des voies lacrymales.
176. Kératites.
177. Taies de la cornée.
178. Conjonctivite :

    a. Aiguë ;
    b. Chronique.

179. Ophtalmie purulente.
180. Ophtalmie granuleuse :

    a. Aiguë.
    b. Chronique.

181. Iritis.
182. Irido-choroïdite.
183. Glaucome.
184. Choroïdite.
185. Rétinites.
186. Névrite optique.
187. Atrophie de la papille.
188. Cataracte.
189. Myopie.
190. Hypermétropie.
191. Astigmatisme.
192. Strabisme.
193. Nystagmus.
194. Amaurose, amblyopies toxiques, etc.
195. Héméralopie.

IXe Section.

Maladies des oreilles.

196. Otite externe.
197. Otite moyenne :

    a. Aiguë ;
    b. Chronique ;
    c. Complications (mastoïdites, méningites, etc.).

198. Otite interne.
199. Surdité.
200. Corps étrangers du conduit auditif.
201. Maladies de la trompe d'Eustache.

Xe Section.

Maladies de la peau.

202. Hyperhydrose plantaire.
203. Érythèmes.
204. Urticaire.
205. Eczéma, herpès.
206. Impétigo.
207. Ecthyma, rupia.
208. Pemphigus.
209. Acné.
210. Prurigo.
211. Lichen.
212. Psoriasis.
213. Pityriasis.
214. Ichtyose.

215. Lupus.
216. Favus.
217. Trichophytie.
217 *bis*. Tokelau.
218. Pelade.
219. Alopécie.
220. Gale.
220 *bis*. Chique.
221. Clou de Biskra, de Gafsa, etc.
221 *bis*. Pied de Madura.
222. Ulcère des pays chauds (Phagédénisme).
222 *bis*. Eléphantiasis.

XIe Section.

Maladies vénériennes.

223. Syphilis :

    a. Primaire ;
    b. Secondaire ;
    c. Tertiaire.

224. Chancre mou :
    a. Simple ;

224. Chancre mou (*suite*) :

    b. Compliqué, adénite, etc.

225. Blennorrhagie :

    a. Simple ;
    b. Compliquée, épididymite, cystite, arthrite, etc.

XIIe Section.

Lésions traumatiques (non compris les suicides et tentatives de suicide, et les morts par accident [1].

(Indiquer la cause, coup de feu, arme blanche, coup de pied de cheval, etc.)

226. Lésions du crâne :

    a. Parties molles ;
    b. Fractures ;
    c. Encéphale (commotion cérébrale, etc.) ;
    d. Méningo-encéphalite.

227. Lésions de la face :

    a. Parties molles ;
    b. Fractures ;
    c. Luxation du maxillaire inférieur ;
    d. Traumatisme de l'œil.

---

[1] On ne devra en principe porter comme *décès* aux numéros de cette section que ceux pouvant être considérés comme relevant plutôt des conséquences chirurgicales plus ou moins lointaines des lésions traumatiques, que de la gravité même du trauma.

228. Lésions du cou :
    a. Parties molles ;
    b. Vaisseaux ;
    c. Pharynx et œsophage ;
    d. Larynx et trachée.

229. Lésions de la poitrine :
    a. Parties molles ;
    b. Squelette ;
    c. Viscères (indiquer l'organe atteint).

230. Lésions de la nuque et du dos :
    a. Parties molles ;
    b. Colonne vertébrale ;
    c. Moelle épinière.

231. Lésions de l'abdomen :
    a. Parois ;
    b. Viscères (indiquer l'organe atteint).

232. Lésions du bassin et de la région ano-rectale :
    a. Parties molles ;
    b. Squelette ;
    c. Vessie et prostate ;
    d. Rectum.

233. Lésions de la région ano-périnéale et des organes génitaux :
    a. Parties molles ;
    b. Anus ;
    c. Urèthre ;
    d. Pénis ;
    e. Scrotum et testicules.

234. Lésions de l'épaule et de la région claviculaire :
    a. Parties molles ;
    b. Fractures de la clavicule ;
    c. Autres fractures ;
    d. Luxations ;
    e. Plaies articulaires.

235. Lésions du bras :
    a. Parties molles ;
    b. Fractures.

236. Lésions du coude :
    a. Parties molles ;
    b. Fractures ;
    c. Luxations ;
    d. Plaies articulaires.

237. Lésions de l'avant-bras :
    a. Parties molles ;
    b. Fractures.

238. Lésions du poignet :
    a. Parties molles ;
    b. Fractures ;
    c. Luxations ;
    d. Plaies articulaires.

239. Lésions de la main (carpe et métacarpe) :
    a. Parties molles ;
    b. Fractures ;
    c. Luxations ;
    d. Plaies articulaires.

240. Lésions des doigts :
    a. Parties molles ;
    b. Fractures ;
    c. Luxations ;
    d. Plaies articulaires.

241. Lésions de la hanche :
    a. Parties molles ;
    b. Fractures ;
    c. Luxations ;
    d. Plaies articulaires.

242. Lésions de la cuisse :
    a. Parties molles ;
    b. Fractures.

243. Lésions du genou :
    a. Parties molles ;
    b. Fractures ;
    c. Fractures de la rotule ;
    d. Luxations ;
    e. Luxations de la rotule ;
    f. Plaies articulaires.

244. Lésions de la jambe :
    a. Parties molles ;
    b. Fractures.

245. Lésions du cou-de-pied :
    a. Parties molles ;
    b. Fractures ;
    c. Luxation ;
    d. Plaies articulaires.

246. Lésions du pied (tarse et métatarse) :

    a. Parties molles;
    b. Fractures;
    c. Luxations;
    d. Plaies articulaires.

247. Lésions des orteils :

    a. Parties molles;
    b. Fractures;
    c. Luxations;
    d. Plaies articulaires.

XIII° Section.

Maladies diverses non classées.

248. Excoriations, abcès et autres accidents locaux et légers consécutifs aux marches.

249. Pied forcé (fractures ou périostites des métatarsiens consécutives à la marche).

250. Excoriations, abcès, contusions et autres accidents locaux et légers du cavalier.

251. Furoncles et anthrax.

252. Phlegmons, abcès, gangrènes locales.

253. Panaris.

254. Onyxis, ongle incarné.

255. Tumeurs bénignes.

256. Mal perforant.

257. Déformation ou malformation du tronc et des membres (indiquer le siège et la nature).

258. Défaut de taille.

XIV° Section.

Accidents produits par l'action de la chaleur, du froid, de l'électricité.

259. Erythème solaire, coup de soleil.

260. Coup de chaleur, insolation.

261. Brûlures.

262. Engelures.

263. Congélations partielles.

264. Accidents généraux produits par le froid.

265. Fulguration.

XV° Section.

Accidents divers, intoxication, morts accidentelles.

266. Intoxications par les substances alimentaires, les conserves, etc. (spécifier la cause).

267. Intoxication saturnine.

268. Asphyxie par les gaz toxiques, etc. (à spécifier).

269. Intoxications par d'autres causes, non compris les empoisonnements volontaires (spécifier la cause).

270. Piqûres venimeuses (scorpions, vipères, etc.) [à spécifier].

271. Morts accidentelles (indiquer le genre d'accident et caractériser la ou les lésions).

272. Morts subites de cause inconnue [1].

273. Tués à l'ennemi.

274. Assassinés.

275. Exécutés.

---

[1] Les morts subites de cause reconnue doivent être portées aux numéros des maladies ou lésions qui les ont provoquées en faisant suivre de la mention : *Mort subite.*

XVIe Section.

Suicides et tentatives de suicide.

276. Suicide et tentative de suicide par coup de feu.
277. Suicide et tentative de suicide par arme blanche.
278. Suicide et tentative de suicide par asphyxie.
279. Suicide et tentative de suicide par submersion.
280. Suicide et tentative de suicide par pendaison, strangulation.
281. Suicide et tentative de suicide par empoisonnement.
282. Suicide et tentative de suicide par précipitation.
283. Suicide et tentative de suicide par écrasement.

XVIIe Section.

Mutilations, simulations, malades en observation.

284. Mutilations (indiquer la lésion).
285. Simulations (indiquer la maladie simulée).
286. Malades en observation.

NOMENCLATURE N° 2 (RÉSUMÉE).

Corps de troupe et détachements de troupe (États III et IV de la statistique annuelle).

Hôpitaux (statistique annuelle).

Direction du Service de santé (Tableaux III, IV et VII de la statistique annuelle).

NUMÉROS D'ORDRE de la nomenclature n° 2.	MALADIES ET GROUPES DE MALADIES.	NUMÉROS CORRESPONDANTS de LA NOMENCLATURE N° 1.	OBSER-VATIONS.
1	Grippe	2	
2	Embarras gastrique fébrile	3	
3	Fièvre typhoïde	4	
4	Variole et varioloïde	6	
5	Varicelle	7	
6	Rougeole	8	
7	Scarlatine	10	
8	Oreillons	11	
9	Méningite cérébro-spinale épidémique	12–12 *bis*	
10	Érysipèle	13	
11	Tétanos	15	
12	Diphtérie	16	
13	Paludisme	17	
13 *bis*	Fièvre hémoglobinurique	18	
14	Choléra	23–24	
14 *bis*	Fièvre jaune	20–20 *bis*	
15	Dysenterie	25	
15 *bis*	Peste	21	
16	Tuberculose { a. pulmonaire, pleurale, laryngée	26 *b*	
	b. des autres organes ou tissus	26 *a, c, d, e, f, g, h*	
16 *bis*	Lèpre	19 *bis*	
17	Rage	30	

NUMÉROS D'ORDRE de la nomenclature n° 2.	MALADIES ET GROUPES DE MALADIES.	NUMÉROS CORRESPONDANTS de LA NOMENCLATURE N° 1.	OBSERVATIONS.
18	Rhumatisme { a. articulaire aigu..	31 b	
	{ b. autres formes....	31 a, c, d	
19	Diabète....................	34	
20	Cancer et autres tumeurs malignes.	35	
21	Anémie, faiblesse de constitution..	37–39	
21 bis	Filariose....................	38 bis	
22	Alcoolisme..................	43	
22 bis	Scorbut....................	41	
23	Autres maladies générales........	1, 14, 27, 32, 33, 38, 40, 42	
24	Névralgies et névrites...........	44–46	
25	Méningite primitive non tuberculeuse......................	51	
26	Epilepsie...................	61	
27	Paralysie générale, aliénation mentale, idiotie................	63–65	
28	Autres maladie du système nerveux.	47–50, 52–60, 62	
29	Maladies des fosses nasales.......	66–69	
30	Goître.....................	74	
31	Laryngite, bronchite...........	71–75	
32	Congestion et apoplexie pulmonaires.	77	
33	Broncho-pneumonie, bronchite capillaire....................	81	
34	Pneumonie..................	82	
35	Pleurésie { a. aiguë, séro-fibrineuse.	84 a	
	{ b. autres formes......	84 b, c, d	
36	Autres maladies de l'appareil respiratoire....................	70, 72, 73, 76, 80, 83, 85	
37	Palpitations.................	86	
38	Hypertrophie et dilatation du cœur.	87	
39	Péricardite..................	89	
40	Endocardite.................	90	
41	Maladies organiques du cœur.....	91	
42	Varices et ulcères variqueux......	97	
43	Hémorrhoïdes................	98	

NUMÉROS D'ORDRE de la nomenclature n° 2.	MALADIES ET GROUPES DE MALADIES.	NUMÉROS CORRESPONDANTS de LA NOMENCLATURE N° 1.	OBSERVATIONS.
44	Varicocèle....................	99	
45	Lymphangite et adénite	101	
46	Autres maladies de l'appareil circulatoire	88, 92-96, 100	
47	Affections des dents et complications.	102	
48	Stomatite....................	103-104	
49	Angine.....................	108	
50	Embarras gastrique sans fièvre....	116	
51	Affections de l'estomac..........	111-114	
52	Diarrhée......... { *a.* simple... / *b.* chronique.	118*a* / 118*b*	
52 *bis*	Rectite...................	118 *bis*	
53	Hernie { *a.* simple ... / [indiquer le siège] { *b.* étranglée .	121*a* / 121*b*	
54	Appendicite, typhlite, pérityphlite..	122	
54 *bis*	Entéro-colite.................	119 *bis*	
55	Tænia.....................	123	
56	Fistule à l'anus...............	126	
57	Péritonite (non tuberculeuse.).....	128	
58	Hépatite suppurée, abcès du foie...	131*c*	
58 *bis*	Hépatite aiguë...............	131*a*	
59	Ictère catarrhal...............	132	
60	Autres maladies du foie..........	130, 131*b*, 133-135	
61	Affections de la rate...........	136	
62	Autres maladies de l'appareil digestif.	105, 107, 109, 110, 115, 117, 119, 120, 124, 125, 127, 129.	
63	Néphrite....................	137	
64	Calcul des voies urinaires........	140-141	
65	Cystite....................	142	
66	Phimosis et paraphimosis........	150	
67	Hydrocèle, hématocèle..........	154	
68	Autres maladies non vénériennes de l'appareil génito-urinaire......	138, 139, 143-149, 151, 153, 155	

NUMÉROS D'ORDRE de la nomenclature n° 2.	MALADIES ET GROUPES DE MALADIES.	NUMÉROS CORRESPONDANTS de LA NOMENCLATURE N° 1.	OBSERVATIONS.
69	Périostite, ostéite, ostéomyélite....	162–163	
70	Entorse .... { a. du pied.... / b. autres ..... }	168	
71	Arthrite....................	169	
72	Hydarthrose, hémarthrose.......	170–171	
73	Autres maladies du système locomoteur....................	156–161, 164–167, 172, 173	
74	Conjonctivite et kératite.........	176–178	
75	Ophtalmie purulente, granuleuse..	179–180	
76	Autres maladies des yeux { a. organiques.. / b. fonctionnelles.	174, 175, 177, 181–188, 193–195 / 189–192	
77	Otites.....................	196–198	
78	Autres maladies des oreilles......	199–201	
79	Teignes (favus, tricophytie)......	216–217	
79 bis	Chique.....................	220 bis	
80	Pelade.....................	218	
81	Gale......................	220	
81 bis	Ulcère des pays chauds..........	222	
82	Autres maladies de la peau.......	202–215, 219, 221, 222 bis	
83	Syphilis. { a. primaire......... / b. secondaire........ / c. tertiaire..........	223 a / 223 b / 223 c	
84	Chancre mou.................	224	
85	Blennorrhagie	225	
86	Fractures { du crâne...........	226 b	
87	de la colonne vertébrale.	230 b'	
88	de la clavicule	234 b	
89	du bras.............	235 b	
90	de l'avant-bras	237 b	
91	du fémur...........	242 b	
92	de la rotule..........	243 c	
93	de la jambe.........	244 b	

NUMÉROS D'ORDRE de la nomenclature n° 2.	MALADIES ET GROUPES DE MALADIES.		NUMÉROS CORRESPONDANTS de LA NOMENCLATURE N° 1.	OBSER-VATIONS.
94	Autres fractures..............		227 *b*, 229 *b*, 232 *b*, 234 *c*, 236 *b*, 238 *b*–241 *b*, 243 *b*, 245 *b*–247 *b*.	
95	Luxations	de l'épaule..........	234 *d*	
96		du coude	236 *c*	
97		de la hanche	241 *c*	
98		du pied	245 *c*, 246 *c*	
99	Autres luxations..............		227 *c*, 238 *c*–240 *c*, 243 *c*, 247 *c*	
100	Autres lésions traumatiques, sauf les fractures et les luxations....		226–247	
101	Pied forcé.................		249	
102	Furoncles et anthrax...........		251	
103	Phlegmons, abcès.............		252	
104	Panaris..................		253	
105	Onyxis, ongle incarné..........		254	
106	Tumeurs bénignes............		255	
107	Autres maladies de la XIII° Section.		248, 250, 256, 257	
108	Coup de chaleur, insolation......		260	
109	Brûlures.................		261	
110	Engelures, congélations partielles..		262, 263	
111	Autres accidents produits par la chaleur, le froid ou l'électricité.....		259, 264, 265	
112	Intoxications	alimentaires......	266	
113		par les gaz toxiques.	268	
114	Autres maladies de la XV° Section..		267, 269, 270	
115	Tentatives de suicide (indiquer la nature)..................		276–283	
116	Mutilations (indiquer la lésion)....		284	
117	Simulations (indiquer la maladie simulée)...................		285	
118	En observation..............		286	

TROISIÈME PARTIE.

Modèles.

Les États, **Tableaux statistiques** et Rapports sont établis sur feuilles imprimées, et dans le sens de la largeur des feuillets, suivant des dimensions rigoureusement uniformes.

Ces dimensions sont :

Pour le compte rendu mensuel des corps de troupe ou détachements de troupe et des hôpitaux et ambulances, o m. 32 de hauteur sur o m. 44 de largeur.

Pour la statistique annuelle des corps ou détachements de troupe et des hôpitaux et ambulances, de o m. 4o de hauteur sur o m. 52 de largeur.

Pour les statistiques des directions, de o m. 48 de hauteur sur o m. 62 de largeur.

Les notas et autres indications doivent être exactement reproduits sur les imprimés.

Les Tableaux statistiques des Directions, les États des hôpitaux et ambulances sont compris dans la nomenclature des imprimés du Ministère des Colonies ; ceux des corps ou détachements de troupe sont à la charge des trésoriers.

COLONIE

de

—

PLACE

de

MODÈLE N° 1.

—

Instruction
ministérielle
du 26 août 1902.

STATISTIQUE MÉDICALE

DES TROUPES COLONIALES.

CORPS DE TROUPE.

COMPTE RENDU MENSUEL.

ANNÉE 190 .

MOIS D

Désignation du corps de troupe
ou détachement. {

Nom et grade du médecin, chef
de service. {

Moyenne mensuelle de l'effectif
total. { Européens ....
Indigènes ....

Moyenne mensuelle de l'effectif
présent. { Européens ....
Indigènes ....

Subsistants des autres corps ....

1° MALADES À LA CHAMBRE.

		EUROPÉENS.	INDIGÈNES.
Nombre des indisponibles... ... {	Fiévreux.........		
	Blessés.........		
Journées d'indisponibilité....... {	Fiévreux.........		
	Blessés.		

Nota. — Tout détachement fournit le présent État, établi d'après la nomenclature
n° 1.

Les moyennes des effectifs s'obtiennent en divisant par 28, 29, 30 et 31, la
somme des chiffres portés sur les situations journalières du mois ou de la fraction du
mois passée dans la même colonie. On ne doit pas comprendre, dans ce calcul, les
subsistants des autres corps dont le chiffre absolu est fourni à part.

(Dans le cas où le corps de troupe ne passe qu'une fraction du mois dans la même
colonie, le chiffre obtenu par le calcul ci-dessus ne représente pas la moyenne mensuelle de son effectif, mais une moyenne proportionnelle qui doit servir de base aux
calculs de la statistique).

2° MALADES À

A. Européens.

NUMÉROS DE LA NOMENCLATURE N° 1.	MALADIES. (Dans l'ordre de la Nomenclature.)	RESTANTS AU PREMIER JOUR DU MOIS.	ENTRÉS PENDANT LE MOIS.	SORTIS PENDANT LE MOIS.				RESTANTS AU DERNIER JOUR DU MOIS.	OBSERVATIONS. (Décès survenus en dehors de l'infirmerie et de l'hôpital ; lieu et circonstances du décès.
				Par guérison.	Par évacuation sur l'hôpital.	Par décès.	Par rapatriement.		
1	2	3	4	5	6	7	7 bis	8	9
	Totaux.....								

L'INFIRMERIE.

B. Indigènes.

NUMÉROS DE LA NOMENCLATURE N° 1.	MALADIES. (Dans l'ordre de la Nomenclature.)	RESTANTS AU PREMIER JOUR DU MOIS.	ENTRÉS PENDANT LE MOIS.	SORTIS PENDANT LE MOIS.				RESTANTS AU DERNIER JOUR DU MOIS.	OBSERVATIONS. (Décès survenu en dehors de l'infirmerie et de l'hôpital; lieu et circonstances du décès.)
				Par guérison.	Par évacuation sur l'hôpital.	Par décès.	Par rapatriement.		
1	2	3	4	5	6	7	7 bis	8	9
	Totaux.....								

3° MALADES À

A. Européens.

NUMÉROS DE LA NOMENCLATURE N° 1.	MALADIES. (Dans l'ordre de la nomenclature.)	RESTANTS AU PREMIER JOUR DU MOIS.	ENTRÉS PENDANT LE MOIS.	SORTIS PENDANT LE MOIS.					RESTANTS AU DERNIER JOUR DU MOIS.	OBSERVATIONS.
				Par billet.	Par retraite.	Par réforme.	Par décès.	Par rapatriement.		
1	2	3	4	5	6	7	8	8 bis	9	10
	Totaux.....									

L'HÔPITAL.

B. Indigènes.

NUMÉROS DE LA NOMENCLATURE N° 1.	MALADIES. (Dans l'ordre de la nomenclature.)	RESTANTS AU PREMIER JOUR DU MOIS.	ENTRÉS PENDANT LE MOIS.	SORTIS PENDANT LE MOIS.					RESTANTS AU DERNIER JOUR DU MOIS.	OBSERVATIONS.
				Par billet.	Par retraite.	Par réforme.	Par décès.	Par rapatriement.		
1	2	3	4	5	6	7	8	8 bis	9	10
	Totaux.....									

(1) Y compris les militaires en permission et en° congé. — Le diagnostic des restants au pre-
jour du mois doit, s'il y a lieu, être modifié d'un mois à l'autre.

RAPPORT SUR LE SERVICE MÉDICO-CHIRURGICAL ET SUR L'ÉTAT SANITAIRE.

A   , le   190 .

Le Médecin[1]   , *chef de service,*

Vu :

Le Chef de corps ou de détachement,

[1] Indiquer le grade.

STATISTIQUE MÉDICALE

DES TROUPES COLONIALES.

CORPS DE TROUPE.

STATISTIQUE ANNUELLE.

ANNÉE

Désignation
du corps ou détachement
de troupe.
Nom et grade du médecin,
chef de service.

I. — Effectifs moyens et mouvement général des malades : troupes
européennes.

II. — Effectifs moyens et mouvement général des malades : troupes
indigènes.

Nota. — Moyennes de l'effectif total et moyennes de l'effectif présent. On obtient ces moyennes en additionnant les chiffres des moyennes mensuelles correspondantes et en divisant les totaux par 12; ou, pour un corps ou détachement de corps passant d'une colonie dans une autre, ou de la métropole dans une colonie, en additionnant les chiffres des situations journalières correspondantes et en divisant par 365 ou 366.

Colonne 15. — La proportion pour 1000 des *malades à l'infirmerie* se calcule sur l'effectif présent, officiers exclus (colonnes 8, 9, 9 *bis*, 10, 10 *bis*).

Colonne 18. — La proportion pour 1000 des *malades à l'hôpital* se calcule sur l'effectif total (colonne 6).

Les effectifs moyens doivent être très exactement calculés; cette recommandation s'adresse spécialement aux corps de troupe ou détachements de corps de troupe passés dans le courant d'un exercice, d'une colonie dans une autre ou de la métropole dans une colonie. Dans ce cas le chiffre obtenu ne représente pas la moyenne annuelle de l'effectif, mais une moyenne proportionnelle qui doit servir de base aux calculs de la statistique.

ÉTAT I. — Effectifs et mouvement général des malades des troupes européennes.

| MOIS. (1) | MOYENNES DE L'EFFECTIF TOTAL. | | | | | | | MOYENNES DE L'EFFECTIF PRÉSENT. | | | | | | | MOUVEMENT GÉNÉRAL DES MALADES. | | | | | | | | SORTIES PAR MALADIES. | | | | | DÉCÈS. | RAPATRIÉS. |
	OFFICIERS. (2)	SOUS-OFFICIERS. (3)	SOLDATS âgés de moins de 21 ans. (4)	SOLDATS âgés de 21 à 25 ans. (4 bis)	SOLDATS âgés de 25 à 30 ans. (5)	SOLDATS âgés de 30 ans et au-dessus. (5 bis)	TOTAL. (6)	OFFICIERS. (7)	SOUS-OFFICIERS. (8)	SOLDATS âgés de moins de 21 ans. (9)	SOLDATS âgés de 21 à 25 ans. (9 bis)	SOLDATS âgés de 25 à 30 ans. (10)	SOLDATS âgés de 30 ans et au-dessus. (10 bis)	TOTAL. (11)	CHAMBRE. nombre des malades. (12)	CHAMBRE. journées d'indisponibilité. (13)	INFIRMERIE. entrées. (14)	INFIRMERIE. proportion pour 1000. (15)	INFIRMERIE. journées de traitement. (16)	HÔPITAL. entrées. (17)	HÔPITAL. proportion pour 1000. (18)	HÔPITAL. journées de traitement. (19)	rentrés. (20)	officiers réformés ou mis en non-activité. (21)	réformés par congé n° 1. (22)	réformés par congé n° 2. (23)	réformes temporaire. (24)	(25)	(25 bis)
Janvier............																													
Février............																													
Mars..............																													
Avril..............																													
Mai...............																													
Juin..............																													
Juillet............																													
Août.............																													
Septembre.........																													
Octobre...........																													
Novembre..........																													
Décembre..........																													
Totaux et moyennes.																													

ÉTAT II. — Effectifs et mouvement général des malades des troupes indigènes.

| MOIS. (1) | MOYENNES DE L'EFFECTIF TOTAL. | | | | | MOYENNES DE L'EFFECTIF PRÉSENT. | | | | | MOUVEMENT GÉNÉRAL DES MALADES. | | | | | | | | SORTIES PAR MALADIES. | | | | | DÉCÈS. | RAPATRIÉS. |
	OFFICIERS. (2)	SOUS-OFFICIERS. (3)	SOLDATS levés ou engagés. (4)	SOLDATS rengagés. (5)	TOTAL. (6)	OFFICIERS. (7)	SOUS-OFFICIERS. (8)	SOLDATS levés ou engagés. (9)	SOLDATS rengagés. (10)	TOTAL. (11)	CHAMBRE. nombre des malades. (12)	CHAMBRE. journées d'indisponibilité. (13)	INFIRMERIE. entrées. (14)	INFIRMERIE. proportion pour 1000. (15)	INFIRMERIE. journées de traitement. (16)	HÔPITAL. entrées. (17)	HÔPITAL. proportion pour 1000. (18)	HÔPITAL. journées de traitement. (19)	rentrés. (20)	officiers réformés ou mis en non-activité. (21)	réformés par congé n° 1. (22)	réformés par congé n° 2. (23)	réformes temporaire. (24)	(25)	(25 bis)
Janvier............																									
Février............																									
Mars..............																									
Avril..............																									
Mai...............																									
Juin..............																									
Juillet............																									
Août.............																									
Septembre.........																									
Octobre...........																									
Novembre..........																									
Décembre..........																									
Totaux et moyennes.																									

Vu :
Le Chef de corps ou de détachement,

Fait à   le   19 .
Le Médecin [1]

COLONIE

de

————

Place de

STATISTIQUE MÉDICALE

DES TROUPES COLONIALES.

MODÈLE N° 4.

————

Instruction
ministérielle
du 16 août 1901.

————

ÉTAT III.

CORPS DE TROUPE.

STATISTIQUE ANNUELLE.

ANNÉE

Désignation du corps
ou
détachement de troupe.

Nom et grade
du
médecin, chef de service.

III. — MALADES À L'INFIRMERIE.

NOTA. — L'indication des maladies ayant déterminé l'admission à l'infirmerie se fera par numéros de la nomenclature n° 2.

Le malade passé de l'infirmerie à l'hôpital pour la même maladie ne doit figurer dans cet État ni comme entrée, ni comme journées de traitement. Les hommes de cette catégorie seront portés en bloc sous une mention spéciale, à la suite de l'Etat, comme entrées et journées de traitement.

Le total de la colonne 7 doit coïncider avec le total de la colonne 14 des États I et II.

Le total de la colonne 9 doit coïncider avec le total de la colonne 16 des Etats I et II.

Le total des colonnes 11-22 doit coïncider avec le total de la colonne 7 du présent État.

ÉTAT III. — MALADES À L'INFIRMERIE.

A. — *Européens.*

NUMÉROS DE LA NOMENCLATURE N° 2.	MALADIES (DANS L'ORDRE de LA NOMENCLATURE).	RESTANTS AU 31 DÉCEMBRE DERNIER.	ENTRÉS DANS L'ANNÉE. SOUS-OFFICIERS.	SOLDATS ÂGÉS de moins de 21 ans.	de 21 à 25 ans.	de 25 à 30 ans.	de 30 ans et au-dessus.	TOTAL DES ENTRÉS.	TOTAL DES RESTANTS ET DES ENTRÉS.	JOURNÉES DE TRAITEMENT.	DÉCÉDÉS.	RAPATRIÉS.	ENTRÉS PAR MOIS. JANVIER.	FÉVRIER.	MARS.	AVRIL.	MAI.	JUIN.	JUILLET.	AOÛT.	SEPTEMBRE.	OCTOBRE.	NOVEMBRE.	DÉCEMBRE.	RESTANTS AU 31 DÉCEMBRE DE L'ANNÉE COURANTE.	OBSERVATIONS.
1	2	3	4	5	5bis	6	6bis	7	8	9	10	10bis	11	12	13	14	15	16	17	18	19	20	21	22	23	24
	A reporter..																									

ÉTAT III. — MALADES À L'INFIRMERIE.

A. — *Européens.*

NUMÉROS DE LA NOMENCLATURE N° 2.	MALADIES (DANS L'ORDRE de LA NOMENCLATURE).	RESTANTS AU 31 DÉCEMBRE DERNIER.	ENTRÉS DANS L'ANNÉE. SOUS-OFFICIERS.	SOLDATS ÂGÉS de moins de 21 ans.	de 21 à 25 ans.	de 25 à 30 ans.	de 30 ans et au-dessus.	TOTAL DES ENTRÉS.	TOTAL DES RESTANTS ET DES ENTRÉS.	JOURNÉES DE TRAITEMENT.	DÉCÉDÉS.	RAPATRIÉS.	JANVIER.	FÉVRIER.	MARS.	AVRIL.	MAI.	JUIN.	JUILLET.	AOÛT.	SEPTEMBRE.	OCTOBRE.	NOVEMBRE.	DÉCEMBRE.	RESTANTS AU 31 DÉCEMBRE DE L'ANNÉE COURANTE.	OBSERVATIONS.
1	2	3	4	5	5bis	6	6bis	7	8	9	10	10bis	11	12	13	14	15	16	17	18	19	20	21	22	23	24
	Report.....																									
	A reporter.....																									

ÉTAT III. — MALADES À L'INFIRMERIE.

A. — *Européens.*

NUMÉROS DE LA NOMENCLATURE N° 2.	MALADIES (DANS L'ORDRE de LA NOMENCLATURE).	RESTANTS AU 31 DÉCEMBRE DERNIER.	ENTRÉS DANS L'ANNÉE.				TOTAL DES ENTRÉS.	TOTAL DES RESTANTS ET DES ENTRÉS.	JOURNÉES DE TRAITEMENT.	DÉCÉDÉS.	RAPATRIÉS.	ENTRÉS PAR MOIS.												RESTANTS AU 31 DÉCEMBRE DE L'ANNÉE COURANTE.	OBSERVATIONS.
			SOUS-OFFICIERS.	SOLDATS ÂGÉS								JANVIER.	FÉVRIER.	MARS.	AVRIL.	MAI.	JUIN.	JUILLET.	AOÛT.	SEPTEMBRE.	OCTOBRE.	NOVEMBRE.	DÉCEMBRE.		
				de moins de 21 ans.	de 21 à 25 ans.	de 25 à 30 ans.	de 30 ans et au-dessus.																		
1	2	3	4	5	5bis	6	6bis	7	8	9	10	10bis	11	12	13	14	15	16	17	18	19	20	21	22	23	24
	Report......																								
	OTAUX pour les troupes européennes......																								

Etat III. — Malades à l'infirmerie.

B. — *Indigènes.*

NUMÉROS DE LA NOMENCLATURE N° 2.	MALADIES (DANS L'ORDRE de LA NOMENCLATURE).	RESTANTS AU 31 DÉCEMBRE DERNIER.	ENTRÉS DANS L'ANNÉE.			TOTAL DES RESTANTS ET DES ENTRÉS.	JOURNÉES DE TRAITEMENT.	DÉCÉDÉS.	RAPATRIÉS.	ENTRÉS PAR MOIS.												RESTANTS AU 31 DÉCEMBRE DE L'ANNÉE COURANTE.	OBSERVATIONS.
			SOUS-OFFICIERS.	SOLDATS LEVÉS OU ENGAGÉS.	SOLDATS RENGAGÉS.	TOTAL DES ENTRÉS.				JANVIER.	FÉVRIER.	MARS.	AVRIL.	MAI.	JUIN.	JUILLET.	AOÛT.	SEPTEMBRE.	OCTOBRE.	NOVEMBRE.	DÉCEMBRE.		
1	2	3	4	5	6	7	8	9	10	10 bis	11	12	13	14	15	16	17	18	19	20	21	22	23
	A reporter....																						

4.

ÉTAT III. — MALADES À L'INFIRMERIE.

B. — *Indigènes.*

NUMÉROS DE LA NOMENCLATURE N° 2.	MALADIES (DANS L'ORDRE de LA NOMENCLATURE).	RESTANTS AU 31 DÉCEMBRE DERNIER.	ENTRÉS DANS L'ANNÉE.			TOTAL DES ENTRÉS.	TOTAL DES RESTANTS ET DES ENTRÉS.	JOURNÉES DE TRAITEMENT.	DÉCÉDÉS.	RAPATRIÉS.	ENTRÉS PAR MOIS.												RESTANTS AU 31 DÉCEMBRE DE L'ANNÉE COURANTE.	OBSERVATIONS.
			SOUS-OFFICIERS.	SOLDATS LEVÉS OU ENGAGÉS.	SOLDATS DÉSIGNÉS.						JANVIER.	FÉVRIER.	MARS.	AVRIL.	MAI.	JUIN.	JUILLET.	AOÛT.	SEPTEMBRE.	OCTOBRE.	NOVEMBRE.	DÉCEMBRE.		
1	2	3	4	5	6	7	8	9	10	10 bis	11	12	13	14	15	16	17	18	19	20	21	22	23	24
	Report.....																							
	A reporter...																							

ÉTAT III. — MALADES À L'INFIRMERIE.

B. — *Indigènes.*

NUMÉROS DE LA NOMENCLATURE N° 2.	MALADIES (DANS L'ORDRE de LA NOMENCLATURE).	RESTANTS AU 31 DÉCEMBRE DERNIER.	ENTRÉS DANS L'ANNÉE.				TOTAL DES RESTANTS ET DES ENTRÉS.	JOURNÉES DE TRAITEMENT.	DÉCÉDÉS.	RAPATRIÉS.	ENTRÉS PAR MOIS.												RESTANTS AU 31 DÉCEMBRE DE L'ANNÉE COURANTE.	OBSERVATIONS.
			SOUS-OFFICIERS.	SOLDATS LEVÉS OU ENGAGÉS.	SOLDATS RENGAGÉS.	TOTAL DES ENTRÉS.					JANVIER.	FÉVRIER.	MARS.	AVRIL.	MAI.	JUIN.	JUILLET.	AOÛT.	SEPTEMBRE.	OCTOBRE.	NOVEMBRE.	DÉCEMBRE.		
1	2	3	4	5	6	7	8	9	10	10bis	11	12	13	14	15	16	17	18	19	20	21	22	23	24
	Report.....																							
	Totaux pour les troupes indigènes.......																							

MALADES PASSÉS DE L'INFIRMERIE À L'HÔPITAL
POUR LA MÊME MALADIE [1].

	TROUPES	
	EUROPÉENNES.	INDIGÈNES.
Nombre...........................		
Journées de traitement..................		

Fait à , le 19

Le Médecin [2]

Vu :

Le [3]

[1] Sous cette rubrique doivent être portés en bloc (article 9 de la présente instruction), comme entrées et journées de traitement, tous les hommes passés de l'infirmerie à l'hôpital pour la même maladie, et qui, par conséquent, ne figurent pas dans l'état ci-dessus.

[2] Indiquer le grade.

[3] Chef de corps ou de détachement.

MODÈLE N° 5.

Instruction
ministérielle.
du 26 août 1902.

ÉTAT IV.

COLONIE
de

Place de

STATISTIQUE MÉDICALE

DES TROUPES COLONIALES.

CORPS DE TROUPE.

STATISTIQUE ANNUELLE.

ANNÉE

Désignation du corps
ou détachement de
troupe.
Nom et grade du médecin,
chef de service.

IV. — MALADES À L'HÔPITAL.

Nota. — L'indication des maladies ayant déterminé l'entrée à l'hôpital se fera par numéros de la nomenclature n° 2.

Le total de la colonne 8 doit coïncider avec le total de la colonne 17 de l'État I et de l'État II.

Le total de la colonne 10 doit coïncider avec le total de la colonne 19 de l'État I et de l'État II.

Le total des colonnes 14-25 doit coïncider avec le total de la colonne 8 du présen État.

Les malades traités dans les hôpitaux étrangers à la garnison seront signalés à la Colonne «Observations».

ÉTAT IV. — MALADES À L'HÔPITAL.

A. *Européens.*

NUMÉROS DE LA NOMENCLATURE N° 2.	MALADIES (DANS L'ORDRE DE LA NOMENCLATURE).	RESTANTS AU 31 DÉCEMBRE DERNIER.	ENTRÉS DANS L'ANNÉE.						TOTAL DES ENTRÉES.	TOTAL DES RESTANTS ET DES ENTRÉES.	JOURNÉES DE TRAITEMENT.	DÉCÈS				ENTRÉS PAR MOIS.												RESTANTS AU 31 DÉCEMBRE DE L'ANNÉE COURANTE.	OBSERVATIONS.
			OFFICIERS.	SOUS-OFFICIERS.	SOLDATS ÂGÉS DE MOINS DE 21 ANS.	SOLDATS ÂGÉS DE 21 À 25 ANS.	SOLDATS ÂGÉS DE 25 À 30 ANS.	SOLDATS ÂGÉS DE 30 ANS ET AU-DESSUS.				OFFICIERS.	SOUS-OFFICIERS.	SOLDATS.	RAPATRIÉS.	JANVIER.	FÉVRIER.	MARS.	AVRIL.	MAI.	JUIN.	JUILLET.	AOÛT.	SEPTEMBRE.	OCTOBRE.	NOVEMBRE.	DÉCEMBRE.		
1	2	3	4	5	6	6 bis	7	7 bis	8	9	10	11	12	13	13 bis	14	15	16	17	18	19	20	21	22	23	24	25	26	27
A reporter.																													

ÉTAT IV. — MALADES À L'HÔPITAL.

A. *Européens.*

NUMÉROS DE LA NOMENCLATURE N° 2.	MALADIES (DANS L'ORDRE DE LA NOMENCLATURE).	RESTANTS AU 31 DÉCEMBRE DERNIER.	ENTRÉS DANS L'ANNÉE.						TOTAL DES ENTRÉS.	TOTAL DES RESTANTS ET DES ENTRÉS.	JOURNÉES DE TRAITEMENT.	DÉCÈS				ENTRÉS PAR MOIS.												RESTANTS AU 31 DÉCEMBRE DE L'ANNÉE COURANTE.	OBSERVATIONS.
			OFFICIERS.	SOUS-OFFICIERS.	SOLDATS ÂGÉS DE MOINS DE 21 ANS.	SOLDATS ÂGÉS DE 21 À 25 ANS.	SOLDATS ÂGÉS DE 25 À 30 ANS.	SOLDATS ÂGÉS DE 30 ANS ET AU-DESSUS.				OFFICIERS.	SOUS-OFFICIERS.	SOLDATS.	RAPATRIÉS.	JANVIER.	FÉVRIER.	MARS.	AVRIL.	MAI.	JUIN.	JUILLET.	AOÛT.	SEPTEMBRE.	OCTOBRE.	NOVEMBRE.	DÉCEMBRE.		
1	2	3	4	5	6 / 6bis	7	7bis		8	9	10	11	12	13	13 bis	14	15	16	17	18	19	20	21	22	23	24	25	26	27
	Report																												
	À reporter.																												

ETAT IV. — MALADES À L'HÔPITAL.

A. *Européens.*

NUMÉROS DE LA NOMENCLATURE N° 2.	MALADIES (DANS L'ORDRE DE LA NOMENCLATURE).	RESTANTS AU 31 DÉCEMBRE DERNIER.	ENTRÉS DANS L'ANNÉE.						TOTAL DES ENTRÉS.	TOTAL DES RESTANTS ET DES ENTRÉS.	JOURNÉES DE TRAITEMENT.	DÉCÈS			RAPATRIÉS.	ENTRÉS PAR MOIS.												RESTANTS AU 31 DÉCEMBRE DE L'ANNÉE COURANTE.	OBSERVATIONS.
			OFFICIERS.	SOUS-OFFICIERS.	SOLDATS ÂGÉS DE MOINS DE 21 ANS.	SOLDATS ÂGÉS DE 21 À 25 ANS.	SOLDATS ÂGÉS DE 25 À 30 ANS.	SOLDATS ÂGÉS DE 30 ANS ET AU-DESSUS.				OFFICIERS.	SOUS-OFFICIERS.	SOLDATS.		JANVIER.	FÉVRIER.	MARS.	AVRIL.	MAI.	JUIN.	JUILLET.	AOÛT.	SEPTEMBRE.	OCTOBRE.	NOVEMBRE.	DÉCEMBRE.		
1	2	3	4	5	6	6bis	7	7bis	8	9	10	11	12	13	13 bis	14	15	16	17	18	19	20	21	22	23	24	25	26	27
	Report																												
	TOTAUX pr les troupes européennes.																												

Etat IV. — Malades à l'hôpital.

B. *Indigènes.*

NUMÉROS DE LA NOMENCLATURE N° 2.	MALADIES dans L'ORDRE de la nomenclature	RESTANTS AU 31 DÉCEMBRE DERNIER.	ENTRÉS DANS L'ANNÉE.				TOTAL DES ENTRÉS.	TOTAL DES RESTANTS ET DES ENTRÉS.	JOURNÉES DE TRAITEMENT.	DÉCÈS				ENTRÉS PAR MOIS.												RESTANTS AU 31 DÉCEMBRE DE L'ANNÉE COURANTE.	OBSERVATIONS.
			OFFICIERS.	SOUS-OFFICIERS.	SOLDATS LEVÉS OU ENGAGÉS.	SOLDATS RENGAGÉS.				OFFICIERS.	SOUS-OFFICIERS.	SOLDATS.	RAPATRIÉS.	JANVIER.	FÉVRIER.	MARS.	AVRIL.	MAI.	JUIN.	JUILLET.	AOÛT.	SEPTEMBRE.	OCTOBRE.	NOVEMBRE.	DÉCEMBRE.		
1	2	3	4	5	6	7	8	9	10	11	12	13	13 bis	14	15	16	17	18	19	20	21	22	23	24	25	26	27
	À reporter.																										

État IV. — Malades à l'hôpital.

B. *Indigènes.*

NUMÉROS DE LA NOMENCLATURE N° 2.	MALADIES dans L'ORDRE de la nomenclature	RESTANTS AU 31 DÉCEMBRE DERNIER.	ENTRÉS DANS L'ANNÉE.				TOTAL DES RESTANTS ET DES ENTRÉS.	JOURNÉES DE TRAITEMENT.	DÉCÈS			RAPATRIÉS.	ENTRÉS PAR MOIS.												RESTANTS AU 31 DÉCEMBRE DE L'ANNÉE COURANTE.	OBSERVATIONS.
			OFFICIERS.	SOUS-OFFICIERS.	SOLDATS LEVÉS OU ENGAGÉS.	SOLDATS RENGAGÉS.	TOTAL DES ENTRÉS.			OFFICIERS.	SOUS-OFFICIERS.	SOLDATS.		JANVIER.	FÉVRIER.	MARS.	AVRIL.	MAI.	JUIN.	JUILLET.	AOÛT.	SEPTEMBRE.	OCTOBRE.	NOVEMBRE.	DÉCEMBRE.		
1	2	3	4	5	6	7	8	9	10	11	12	13	13 bis	14	15	16	17	18	19	20	21	22	23	24	25	26	27
	Report..																										
	A reporter.																										

ÉTAT IV. — MALADES À L'HÔPITAL.

B. *Indigènes.*

NUMÉROS DE LA NOMENCLATURE N° 2.	MALADIES dans L'ORDRE de la nomenclature	RESTANTS AU 31 DÉCEMBRE DERNIER.	ENTRÉS DANS L'ANNÉE.				TOTAL DES RESTANTS ET DES ENTRÉS.	JOURNÉES DE TRAITEMENT.	DÉCÈS				ENTRÉS PAR MOIS												RESTANTS AU 31 DÉCEMBRE DE L'ANNÉE COURANTE.	OBSERVATIONS.
			OFFICIERS.	SOUS-OFFICIERS.	SOLDATS LEVÉS OU ENGAGÉS.	SOLDATS RENGAGÉS.	TOTAL DES ENTRÉS.			OFFICIERS.	SOUS-OFFICIERS.	SOLDATS.	RAPATRIÉS.	JANVIER.	FÉVRIER.	MARS.	AVRIL.	MAI.	JUIN.	JUILLET.	AOÛT.	SEPTEMBRE.	OCTOBRE.	NOVEMBRE.	DÉCEMBRE.		
1	2	3	4	5	6	7	8	9	10	11	12	13	13 bis	14	15	16	17	18	19	20	21	22	23	24	25	26	27
	Report....																										
	Total des troupes indigènes.																										

Fait à   , le   19   .

Le Médecin [1]

Vu ·
Le [2]

[1] Indiquer le grade.
[2] Chef de Corps ou de détachement.

<table>
<tr><td>COLONIE
de

Place de</td><td>STATISTIQUE MÉDICALE

DES TROUPES COLONIALES.</td><td>MODÈLES
n°s 6, 7 et 7 *bis*.

Instruction
ministérielle
du 26 août 1902.

ÉTATS V, VI et VIbis.</td></tr>
</table>

CORPS DE TROUPE.

STATISTIQUE ANNUELLE

ANNÉE

Désignation du corps
ou
détachement de troupe. }

Nom et grade
du médecin,
chef de service. }

V. Décès.
VI. RÉFORMES.—MISES EN NON-ACTIVITÉ ET RETRAITES POUR INFIRMITÉS.
VI *bis*. RAPATRIEMENTS.

NOTA. — État V. — Le total de la colonne 7 doit coïncider avec le total de la colonne 25 des États I et II.

Le total des colonnes 8-19 doit égaler le total de la colonne 7 du présent État.

Le total de chacune des colonnes 8 à 19 doit coïncider respectivement avec le chiffre correspondant de la colonne 25 des États I et II.

État VI. — Le total des colonnes 3, 4, 5, 5 *bis*, 6, 6 *bis* doit coïncider avec le total de la colonne 20 des États I et II.

Le total des colonnes 7 et 8 doit coïncider avec le total de la colonne 21 des États I et II.

Le total des colonnes 9 à 16 *bis* doit coïncider avec les totaux correspondants des colonnes 22, 23 et 24 des États I et II.

La colonne 17 doit égaler, d'une part, le total des colonnes 3 à 16 *bis*, d'autre part le total des colonnes 18-29 du présent État.

État VI *bis*. — Le total de la colonne 7 doit coïncider avec le total de la colonne 25 *bis* des États I et II.

Le total des colonnes 8-19 doit égaler le total de la colonne 7 du présent État.

Le total de chacune des colonnes 8 à 19 doit coïncider respectivement avec le chiffre correspondant de la colonne 25 *bis* des États I et II.

ÉTAT V. — Décès.

A. *Européens.*

NUMÉROS DE LA NOMENCLATURE N° 1.	MALADIES. (Dans l'ordre de la nomenclature.)	OFFICIERS.	SOUS-OFFICIERS.	SOLDATS ÂGÉS				TOTAL DES DÉCÈS.	MOIS DU DÉCÈS.												LIEU du DÉCÈS. — (CHAMBRE, en marche, infirmerie, hôpital, à bord, etc.)
				DE MOINS DE 21 ANS.	DE 21 À 25 ANS.	DE 25 À 30 ANS.	DE 30 ANS ET AU-DESSUS.		JANVIER.	FÉVRIER.	MARS.	AVRIL.	MAI.	JUIN.	JUILLET.	AOÛT.	SEPTEMBRE.	OCTOBRE.	NOVEMBRE.	DÉCEMBRE.	
1	2	3	4	5	5 bis	6	6 bis	7	8	9	10	11	12	13	14	15	16	17	18	19	20
	Totaux des décès des Européens																				

ÉTAT V. — Décès.

B. *Indigènes.*

| NUMÉROS DE LA NOMENCLATURE N° 1. | MALADIES. (Dans l'ordre de la nomenclature.) | OFFICIERS. | SOUS-OFFICIERS. | SOLDATS LEVÉS OU ENGAGÉS. | SOLDATS RENGAGÉS. | TOTAL DES DÉCÈS. | MOIS DU DÉCÈS. | | | | | | | | | | | | LIEU du DÉCÈS. — (CHAMBRE, en marche, infirmerie, hôpital, à bord, etc.) |
							JANVIER.	FÉVRIER.	MARS.	AVRIL.	MAI.	JUIN.	JUILLET.	AOÛT.	SEPTEMBRE.	OCTOBRE.	NOVEMBRE.	DÉCEMBRE.	
1	2	3	4	5	6	7	8	9	10	11	12	13	14	15	16	17	18	19	20
	Totaux des décès des indigènes.																		

ÉTAT VI. — RETRAITES, RÉFORMES ET NON-ACTIVITÉS.

A. *Européens.*

NUMÉROS DE LA NOMENCLATURE N° 1.	MALADIES (dans l'ordre de la nomenclature).	RETRAITES		SOLDATS âgés				OFFICIERS RÉFORMÉS.	OFFICIERS EN NON-ACTIVITÉ POUR INFIRMITÉS TEMPORAIRES.
		OFFICIERS.	SOUS-OFFICIERS.	de moins de 21 ans.	de 21 à 25 ans.	de 25 à 30 ans.	de 30 ans et au-dessus.		
1	2	3	4	5	5 bis	6	6 bis	7	8

NUMÉROS DE LA NOMENCLATURE N° 1.	RÉFORMES N° 1.				RÉFORMES N° 2.					TEMPORAIRES.			
	SOUS-OFFICIERS.	Soldats âgés			SOUS-OFFICIERS.	Soldats âgés				Soldats âgés			
		de moins de 21 ans.	de 21 à 25 ans.	de 25 à 30 ans.		de moins de 21 ans.	de 21 à 25 ans.	de 25 à 30 ans.	de 30 ans et au-dessus.	de moins de 21 ans.	de 21 à 25 ans.	de 25 à 30 ans.	de 30 ans et au-dessus.
1	9	10	10 bis	11	11 bis	12	12 bis	13	13 bis	14	15	15 bis	16	16 bis

TOTAL DES RADIATIONS.	RADIATIONS PAR MOIS.												OBSERVATIONS.
	JANVIER.	FÉVRIER.	MARS.	AVRIL.	MAI.	JUIN.	JUILLET.	AOÛT.	SEPTEMBRE.	OCTOBRE.	NOVEMBRE.	DÉCEMBRE.	
17	18	19	20	21	22	23	24	25	26	27	28	29	30

TOTAUX.

ÉTAT VI. — RETRAITES, RÉFORMES ET NON-ACTIVITÉS.

B. *Indigènes.*

NUMÉROS DE LA NOMENCLATURE N° 1.	MALADIES (dans l'ordre de la nomenclature).	RETRAITES.				OFFICIERS RÉFORMÉS.	OFFICIERS EN NON-ACTIVITÉ POUR INFIRMITÉS TEMPORAIRES.	RÉFORMES.							TOTAL DES RADIATIONS.	RADIATION PAR MOIS.												OBSERVATIONS.
								N° 1.			N° 2.			TEM-PO-RAIRES															
		OFFICIERS.	SOUS-OFFICIERS.	SOLDATS LEVÉS OU ENGAGÉS.	SOLDATS RENGAGÉS.			SOUS-OFFICIERS.	SOLDATS LEVÉS OU ENGAGÉS.	SOLDATS RENGAGÉS.	SOUS-OFFICIERS.	SOLDATS LEVÉS OU ENGAGÉS.	SOLDATS RENGAGÉS.	SOLDATS LEVÉS OU ENGAGÉS.	SOLDATS RENGAGÉS.		JANVIER.	FÉVRIER.	MARS.	AVRIL.	MAI.	JUIN.	JUILLET.	AOÛT.	SEPTEMBRE.	OCTOBRE.	NOVEMBRE.	DÉCEMBRE.	
1	2	3	4	5	6	7	8	9	10	11	12	13	14	15	16	17	18	19	20	21	22	23	24	25	26	27	28	29	30
	TOTAUX...																												

État VI *bis*. — Rapatriements.

A. *Européens.*

NUMÉROS DE LA NOMENCLATURE Nº 1.	MALADIES. (Dans l'ordre de la nomenclature.)	OFFICIERS.	SOUS-OFFICIERS.	SOLDATS AGÉS				TOTAL DES RAPATRIEMENTS.	MOIS DES RAPATRIEMENTS.												OBSERVATIONS.
				DE MOINS DE 21 ANS.	DE 21 À 25 ANS.	DE 25 À 30 ANS.	DE 30 ANS ET AU-DESSUS.		JANVIER.	FÉVRIER.	MARS.	AVRIL.	MAI.	JUIN.	JUILLET.	AOÛT.	SEPTEMBRE.	OCTOBRE.	NOVEMBRE.	DÉCEMBRE.	
1	2	3	4	5	5 bis	6	6 bis	7	8	9	10	11	12	13	14	15	16	17	18	19	20.
	Totaux.......																				

ÉTAT VI *bis*. — RAPATRIEMENTS.

B. *Indigènes.*

NUMÉROS DE LA NOMENCLATURE N° 1.	MALADIES. (Dans l'ordre de la nomenclature.)	OFFICIERS.	SOUS-OFFICIERS.	SOLDATS LEVÉS OU ENGAGÉS.	SOLDATS RENGAGÉS.	TOTAL DES RAPATRIEMENTS.	MOIS DES RAPATRIEMENTS.												OBSERVATIONS.
							JANVIER.	FÉVRIER.	MARS.	AVRIL.	MAI.	JUIN.	JUILLET.	AOÛT.	SEPTEMBRE.	OCTOBRE.	NOVEMBRE.	DÉCEMBRE.	
1	2	3	4	5	6	7	8	9	10	11	12	13	14	15	16	17	18	19	20
	TOTAUX.........																		

Fait à   le

Le Médecin [1],

Vu :

Le [2]

(1) Indiquer le grade.
(2) Chef de corps ou de détachement

COLONIE
de
—
PLACE
de

STATISTIQUE MÉDICALE

DES TROUPES COLONIALES.

MODELE N° 8.
—
Instruction
ministérielle
du 26 août 1902.

CORPS DE TROUPE.

STATISTIQUE ANNUELLE.

ANNÉE 190 .

Désignation
du corps ou détachement }
de troupe.

Nom et grade du médecin, }
chef de service.

RAPPORT

SUR LE SERVICE MÉDICO-CHIRURGICAL

ET SUR L'ÉTAT SANITAIRE.

(On se servira d'intercalaires pour donner à ce rapport le développement voulu.)

Fait à   , le   190 .

Le Médecin [1]

Vu :

Le [2]   ,

[1] Indiquer le grade.
[2] Chef de corps ou de détachement,

COLONIE

de

PLACE

de

STATISTIQUE MÉDICALE

DES TROUPES COLONIALES.

HÔPITAUX.

MODELE N° 9.

Instruction
ministérielle
du 26 août 1902.

COMPTE RENDU MENSUEL.

ANNÉE 190 .

MOIS DE

Hôpital ou ambulance de
Nom et grade du médecin-chef

ÉTAT numérique des militaires atteints de maladies susceptibles
de revêtir le caractère épidémique, décédés ou entrés dans le mois.

A. — TROUPES EUROPÉENNES.

NUMÉROS de LA NOMENCLATURE N° 1.	MALADIES.	CORPS ET CASERNES.	RESTANTS AU PREMIER JOUR DU MOIS.	ENTRÉS DANS LE MOIS.	DÉCÉDÉS.	SORTIS PAR GUÉRISON, RÉFORME, ETC.	RESTANTS AU DERNIER JOUR DU MOIS.	OBSERVATIONS.
	TOTAUX...							

B. — Troupes indigènes.

NUMÉROS de LA NOMENCLATURE n° 1.	MALADIES.	CORPS ET CASERNES.	RESTANTS AU PREMIER JOUR DU MOIS.	ENTRÉS DANS LE MOIS.	DÉCÉDÉS.	SORTIS PAR GUÉRISON, RÉFORME, ETC.	RESTANTS AU DERNIER JOUR DU MOIS.	OBSERVATIONS.
	Totaux...							

RAPPORT

SUR LE SERVICE MÉDICO-CHIRURGICAL DE L'HÔPITAL ET L'ÉTAT SANITAIRE
DE LA GARNISON.

Fait à   , le   190 .

Le Médecin-Chef :

COLONIE

de ———

PLACE

de ———

MODÈLE N° 10.

———

Instruction
ministérielle
du 26 août 1902.

STATISTIQUE MÉDICALE
DES TROUPES COLONIALES.

HÔPITAUX ET AMBULANCES.

STATISTIQUE ANNUELLE.

ANNEE

Hôpital ou ambulance de

Nom et grade du médecin-chef

Nota. Le présent état établi d'après la nomenclature n° 2, ne doit comprendre que les militaires appartenant aux corps de troupe, à l'exclusion des officiers sans troupe, des employés des administrations coloniales, des retraités, etc.

Le total des colonnes 8 et 9, ceux des colonnes 12-23 et 24-36 doivent coïncider avec le total de la colonne 7.

STATISTIQUE ANNUELLE DES HÔPITAUX ET AMBULANCES.

A. — *Troupes européennes.*

NUMÉROS DE LA NOMENCLATURE N° 9.	MALADIES. (Dans l'ordre de la nomenclature.)	RESTANTS AU 31 DÉCEMBRE DERNIER.	ENTRÉS.			TOTAL DES ENTRÉS.	MILITAIRES FAISANT PARTIE DE LA GARNISON. (Entrés de tous grades.)	MILITAIRES ÉTRANGERS À LA GARNISON. (Entrés de tous grades.)	TOTAL DES RESTANTS ET DES ENTRÉS.	JOURNÉES DE TRAITEMENT. (Restants et entrés.)	ENTRÉS PAR MOIS.												CORPS OU DÉTACHEMENTS DE TROUPE.													DÉCÈS.					OBSERVATIONS. (Indiquer les malades reçus ou sortis par évacuation avec leur provenance ou leur destination.)
			OFFICIERS.	SOUS-OFFICIERS.	SOLDATS.						JANVIER.	FÉVRIER.	MARS.	AVRIL.	MAI.	JUIN.	JUILLET.	AOÛT.	SEPTEMBRE.	OCTOBRE.	NOVEMBRE.	DÉCEMBRE.														MILITAIRES appartenant à la garnison.		MILITAIRES étrangers à la garnison.		TOTAL.	
																																			Officiers.	Sous-officiers et soldats.	Officiers.	Sous-officiers et soldats.		
1	2	3	4	5	6	7	8	9	10	11	12	13	14	15	16	17	18	19	20	21	22	23	24	25	26	27	28	29	30	31	32	33	34	35	36	37	38	39	40	41	42
	Totaux...																																								

— 83 —

STATISTIQUE ANNUELLE DES HÔPITAUX ET AMBULANCES.

B. — *Troupes indigènes.*

NUMÉROS DE LA NOMENCLATURE N° 2.	MALADIES (Dans l'ordre de la nomenclature.)	RESTANTS AU 31 DÉCEMBRE DERNIER.	ENTRÉS.				MILITAIRES FAISANT PARTIE DE LA GARNISON. (Entrés de tous grades.)	MILITAIRES ÉTRANGERS À LA GARNISON. (Entrés de tous grades.)	TOTAL DES RESTANTS ET DES ENTRÉS.	JOURNÉES DE TRAITEMENT. (Restants et entrés.)	ENTRÉS PAR MOIS.												CORPS OU DÉTACHEMENTS DE TROUPE.													DÉCÈS.					OBSERVATIONS. (Indiquer les malades reçus ou sortis par évacuation avec leur provenance ou leur destination.)
			OFFICIERS.	SOUS-OFFICIERS.	SOLDATS.	TOTAL DES ENTRÉS.					JANVIER.	FÉVRIER.	MARS.	AVRIL.	MAI.	JUIN.	JUILLET.	AOÛT.	SEPTEMBRE.	OCTOBRE.	NOVEMBRE.	DÉCEMBRE.													MILITAIRES appartenant à la garnison.		MILITAIRES étrangers à la garnison.		TOTAL.	
																																			Officiers.	Sous-officiers et soldats.	Officiers.	Sous-officiers et soldats.		
1	2	3	4	5	6	7	8	9	10	11	12	13	14	15	16	17	18	19	20	21	22	23	24	25	26	27	28	29	30	31	32	33	34	35	36	37	38	39	40	41	42
	TOTAUX . . .																																								

6.

RAPPORT

SUR LE SERVICE MÉDICO-CHIRURGICAL DE L'HÔPITAL OU DE L'AMBULANCE
ET SUR L'ÉTAT SANITAIRE DE LA GARNISON.

(On se servira d'intercalaires pour donner à ce rapport le développement voulu.)

Fait à   , le   190 .

Le Médecin-Chef,

<table>
<tr><td>

COLONIE

de

—

Statistique médicale
des
troupes coloniales.

ANNÉE 19 .

</td><td>

DIRECTION

DU SERVICE DE SANTÉ.

</td><td>

MODÈLE N° 11.

—

Instruction
ministérielle
du 26 août 1902.

</td></tr>
</table>

COMPTE RENDU MENSUEL.

MOIS D

Nota. Les corps et détachements sont inscrits successivement par garnison et en suivant l'ordre alphabétique de ces garnisons.

Les colonnes 1, 2, 3, 4 sont remplies par les soins du Commandant supérieur des troupes. Les moyennes des effectifs s'obtiennent en divisant par 28, 29, 30, 31 la somme des chiffres portés sur les situations journalières du mois ou de la fraction de mois passée par le corps ou par le détachement dans la même colonie; elles ne comprennent ni les subsistants des autres corps, ni les réservistes.

Dans la colonne 11 est inscrit le total des données 7 et 9 diminué au total de la colonne 10.

Le total des colonnes 16-66, et suivantes s'il y a lieu, doit reproduire le chiffre de la colonne 11.

Les colonnes 53 à 66, dont on augmentera le nombre suivant les besoins, sont réservées aux affections éventuelles présentant un intérêt au point de vue de la pathologie des troupes coloniales (affections endémiques, épidémiques, etc.).

Les proportions p. 1000 des malades à la chambre et à l'infirmerie (colonnes 5, 6, 7) sont calculées par rapport à l'effectif présent. Les proportions p. 1000 des malades à l'hôpital ou à l'ambulance (colonnes 8 et 9), des réformes et retraites, des décès, des rapatriements, sont calculées par rapport à l'effectif total.

L'état et les tableaux annexés au rapport ne comprennent que les militaires de l'armée active.

Les décès sont inscrits dans l'ordre de la nomenclature n° 1.

Il est rendu compte dans le rapport des particularités de l'état sanitaire des subsistants, des réservistes, suivant les indications données dans le compte rendu mensuel des corps de troupe.

COMPTE RENDU MENSUEL DES DIRECTIONS.

A. — Troupes européennes.

MALADIES ET GROUPES DE MALADIES TRAITÉES À L'INFIRMERIE ET À L'HÔPITAL OU AMBULANCE.

GARNISONS. (1)	CORPS ou DÉTACHEMENTS. (2)	Moyennes mensuelles de l'effectif total. (3)	Moyennes mensuelles de l'effectif présent. (4)	Malades à la chambre. (5)	INFIRMERIE — Restants au premier jour du mois. (6)	INFIRMERIE — Entrés dans le mois. (7)	HÔPITAL — Restants au premier jour du mois. (8)	HÔPITAL — Entrés dans le mois. (9)	Passés de l'infirmerie à l'hôpital. (10)	Chiffre réel des malades à l'infirmerie et à l'hôpital. (11)	RESTANTS à l'infirmerie. (12)	RESTANTS à l'hôpital. (13)	Réformés et retraités. (14)	Décès. (15)	Rapatriements. (15 bis)
TOTAUX.															

GARNISONS. (1)	Grippe. (16)	Embarras gastrique fébrile. (17)	Fièvre typhoïde. (18)	Variole et varioloïde. (19)	Rougeole. (20)	Scarlatine. (21)	Oreillons. (22)	Méningite cérébro-spinale. (23)	Tétanos. (23 bis)	Érysipèle médical. (24)	Pyohémie et septicémie. (24 bis)	Diphtérie. (25)	Dysenterie. (26)	Paludisme. (27)	Fièvre bilieuse hémoglobinurique. (27 bis)	[illegible] (28)	[illegible] (28 bis)	[illegible] (29)
TOTAUX.																		

GARNISONS. (1)	Laryngite. — Bronchite. (30)	Congestion pulmonaire. — Bronchopneumonie. (31)	Pneumonie. (32)	Pleurésie. (33)	Angine. (34)	Embarras gastrique sans fièvre. (35)	Ictère catarrhal. (36)	Diarrhée. (37)	Pelade. (38)	Syphilis. (39)	Chancre mou. (40)	Blennorrhagie. (41)	Lésions traumatiques. (42)	Coup de chaleur. (43)
TOTAUX.														

GARNISONS. (1)	Dengue. (44)	Choléra. (45)	Fièvre jaune. (46)	Peste. (47)	Lèpre. (48)	Hépatites (49)	Teigne. (50)	(51)	(52)	(53)	(54)	(55)	(56)	(57)	(58)	(59)	(60)	(61)	(62)	(63)	(64)	(65)	Autres affections. (66)
TOTAUX.																							

COMPTE RENDU MENSUEL DES DIRECTIONS.

B. — Troupes indigènes.

GARNISONS.

Identification columns:

CORPS ou DÉTACHEMENTS. (1–2)	Moyennes mensuelles de l'effectif total. (3)	Moyennes mensuelles de l'effectif présent. (4)	Malades à la chambre. (5)	Restants au premier jour du mois. (6)	Entrés dans le mois. (7)	Passés de l'infirmerie à l'hôpital. (8)	Chiffre réel des malades à l'infirmerie et à l'hôpital. (9)	à l'infirmerie. (10)	à l'hôpital. (11)	Réformés et retraités. (12)	Décès. (13)	Rapatriements. (14)
Totaux.												

(Headers INFIRMERIE / HÔPITAL span the central columns; RESTANTS spans columns 10–11.)

MALADIES ET GROUPES DE MALADIES TRAITÉES À L'INFIRMERIE, À L'HÔPITAL ET À L'AMBULANCE.

No.	En-tête de colonne
15	Grippe.
16	Embarras gastrique fébrile.
17	Fièvre typhoïde.
18	Variole et varioloïde.
19	Rougeole.
20	Scarlatine.
21	Oreillons.
22	Méningite cérébro-spinale.
23	Tétanos.
24	Érysipèle médical.
25	Pyohémie et septicémie.
26	Diphtérie.
27	Dysenterie.
28	Paludisme.
29	Fièvre bilieuse hémoglobinurique.
30	Tuberculose.
31	Rhumatisme.
32	Bronchite.
33	Pneumonie.
34	Pleurésie.
35	Angine.
36	Embarras gastrique sans fièvre.
37	Ictère entériel.
38	Diarrhée.
39	Syphilis.
40	Chancre mou.
41	Blennorrhagie.
42	Lésions traumatiques.
43	Coup de chaleur.
44	Dengue.
45	Choléra.
46	Fièvre jaune.
47	Peste.
48	Lèpre.
49	Hépatite.
50	Tænia.
51	Béribéri.
52	Maladie du sommeil.
53	
54	
55	
56	
57	
58	
59	
60	
61	
62	
63	
64	
65	
66	Autres affections.

RAPPORT SUR L'ÉTAT SANITAIRE DES TROUPES STATIONNÉES DANS LA COLONIE.

DÉSIGNATION DES TROUPES PAR PLACE.	MALADES			RÉFORMES et RETRAITES pour 1,000 hommes d'effectif total.	DÉCÈS pour 1,000 hommes d'effectif total.	RAPATRIEMENTS pour 1,000 hommes d'effectif total.
	à LA CHAMBRE pour 1,000 hommes d'effectif présent.	à L'INFIRMERIE pour 1,000 hommes d'effectif présent.	à L'HÔPITAL pour 1,000 hommes d'effectif total.			
A. Troupes européennes ...						
B. Troupes indigènes.....						

DÉCÈS (Y COMPRIS LES DÉCÈS EN DEHORS DE L'INFIRMERIE ET DE L'HÔPITAL OU DE L'AMBULANCE).

A. — TROUPES EUROPÉENNES.				B. TROUPES INDIGÈNES			
NUMÉROS de la nomenclature n° 1.	MALADIES.	NOMBRE.	CORPS et GARNISON.	NUMÉROS de la nomenclature n° 1.	MALADIES.	NOMBRE.	CORPS et GARNISON.
	TOTAUX.....				TOTAUX.....		

Fait à   le   19

Le Médecin [1]
Directeur du Service de Santé,

Le Commandant supérieur
des troupes,

[1] Indiquer le grade.

COLONIE
de

Statistique médicale
des Troupes coloniales.

ANNÉE 19 .

DIRECTION

DU SERVICE DE SANTÉ.

MODÈLE N° 12.

INSTRUCTION
ministérielle
du 26 août 1902.

STATISTIQUE ANNUELLE.

Tableau I.

EFFECTIFS MOYENS ET MOUVEMENT GÉNÉRAL

DES MALADES DES TROUPES EUROPÉENNES.

1° PAR CORPS ET PAR ARME;

2° PAR MOIS.

Nota. Les chiffres sont portés par corps et totalisés par arme.

Les chiffres à porter dans les colonnes 2, 3, 4, etc., sont ceux des colonnes 2, 3, 4, etc., de l'État I des corps de troupe.

La proportion pour 1,000 des hommes à l'infirmerie pour toutes les troupes stationnées dans la Colonie se calcule sur l'effectif présent, officiers exclus (colonnes 8, 9, 9 *bis*, 10, 10 *bis*).

La proportion pour 1,000 des hommes à l'hôpital, pour toutes les troupes stationnées dans la Colonie, se calcule sur l'effectif total (colonne 6).

TABLEAU I. — EFFECTIF ET MOUVEMENT GÉNÉRAL DES MALADES 1° PAR CORPS OU DÉTACHEMENT DE CORPS; 2° PAR MOIS.

A. *Troupes européennes.*

1er CORPS ET ARMES.	MOYENNES ANNUELLES DE L'EFFECTIF TOTAL.							MOYENNES ANNUELLES DE L'EFFECTIF PRÉSENT.							MOUVEMENT GÉNÉRAL DES MALADES.								SORTIES PAR MALADIES.					DÉCÈS.	RAPATRIEMENT.	OBSERVATIONS.
															CHAMBRE.		INFIRMERIE.			HÔPITAL.											
	OFFICIERS.	SOUS-OFFICIERS.	SOLDATS âgés de moins de 21 ans.	SOLDATS âgés de 21 à 25 ans.	SOLDATS âgés de 25 à 30 ans.	SOLDATS âgés de 30 ans et au-dessus.	TOTAL.	OFFICIERS.	SOUS-OFFICIERS.	SOLDATS âgés de moins de 21 ans.	SOLDATS âgés de 21 à 25 ans.	SOLDATS âgés de 25 à 30 ans.	SOLDATS âgés de 30 ans et au-dessus.	TOTAL.	NOMBRE des malades.	JOURNÉES d'indisponibilité.	ENTRÉS.	PROPORTION P. 1000.	JOURNÉES de traitement.	ENTRÉS.	PROPORTION P. 1000.	JOURNÉES de traitement.	RETRAITÉS.	OFFICIERS réformés ou en non-activité pour infirmités.	réformés par congé n° 1.	réformés par congé n° 2.	réforme temporaire.			
1	2	3	4	4 bis.	5	5 bis.	6	7	8	9	9 bis.	10	10 bis.	11	12	13	14	15	16	17	18	19	20	21	22	23	24	25	25 bis.	26
Totaux et moyennes..																														

2e MOIS.

	MOYENNES ANNUELLES DE L'EFFECTIF TOTAL.							MOYENNES ANNUELLES DE L'EFFECTIF PRÉSENT.							MOUVEMENT GÉNÉRAL DES MALADES.								SORTIES PAR MALADIES.					DÉCÈS.	RAPATRIEMENT.	OBSERVATIONS.
Janvier..............																														
Février.............																														
Mars																														
Avril................																														
Mai																														
Juin.................																														
Juillet..............																														
Août.................																														
Septembre...........																														
Octobre.............																														
Novembre...........																														
Décembre...........																														
Totaux et moyennes...																														

Le Chef d'état-major,

Fait à   , le   1

Le Médecin [1]
Directeur du Service de Santé,

(1) Indiquer le grade.

COLONIES. — N° 67.

7

COLONIE
de

Statistique médicale
des Troupes coloniales.

ANNÉE 19

MODÈLE N° 13.

INSTRUCTION
ministérielle
du 26 août 1902.

DIRECTION

DU SERVICE DE SANTÉ.

STATISTIQUE ANNUELLE.

TABLEAU II.

EFFECTIFS MOYENS ET MOUVEMENT GÉNÉRAL

DES MALADES DES TROUPES INDIGÈNES.

1.° PAR CORPS ET PAR ARME;

2° PAR MOIS.

NOTA. Les chiffres sont portés par corps et totalisés par arme.

Les chiffres à porter dans les colonnes 2, 3, 4, etc., sont ceux des totaux des colonnes 2, 3, 4, etc., de l'État II des corps de troupe.

La proportion pour 1,000 des hommes à l'infirmerie pour toutes les troupes stationnées dans la colonie se calcule sur l'effectif présent, officiers exclus (colonnes 8, 9, 10).

La proportion pour 1,000 des hommes à l'hôpital, pour toutes les troupes stationnées dans la Colonie, se calcule sur l'effectif total (colonne 6).

7.

Tableau II. — Effectif et mouvement général des malades 1° par corps ou détachement de corps et par arme; 2° par mois.

B. *Troupes indigènes.*

1° CORPS ET ARMES.	MOYENNES ANNUELLES DE L'EFFECTIF TOTAL.					MOYENNES ANNUELLES DE L'EFFECTIF PRÉSENT.					MOUVEMENT GÉNÉRAL DES MALADES.								SORTIES PAR MALADIES.					DÉCÈS.	RAPATRIEMENT.	OBSERVATIONS.
											CHAMBRE.		INFIRMERIE.			HÔPITAL.										
	OFFICIERS.	SOUS-OFFICIERS.	SOLDATS levés ou engagés.	SOLDATS rengagés.	TOTAL.	OFFICIERS.	SOUS-OFFICIERS.	SOLDATS levés ou engagés.	SOLDATS rengagés.	TOTAL.	NOMBRE des malades.	JOURNÉES d'indisponibilité.	ENTRÉS.	PROPORTION P. 1000.	JOURNÉES de traitement.	ENTRÉS.	PROPORTION P. 1000.	JOURNÉES de traitement.	RETRAITÉS.	OFFICIERS RÉFORMÉS ou en non-activité pour infirmités.	RÉFORMÉS par congé n° 1.	RÉFORMÉS par congé n° 2.	RÉFORME TEMPORAIRE.			
	2	3	4	5	6	7	8	9	10	11	12	13	14	15	16	17	18	19	20	21	22	23	24	25	25 bis.	26
Totaux et moyennes....																										

2° MOIS.

Janvier....................																										
Février....................																										
Mars......................																										
Avril.....................																										
Mai																										
Juin......................																										
Juillet...................																										
Août.....................																										
Septembre................																										
Octobre..................																										
Novembre................																										
Décembre................																										
Totaux et moyennes....																										

Fait à , le 1

Le Chef d'état-major,

Le Médecin [1]
Directeur du Service de Santé,

[1] Indiquer le grade.

COLONIE
de ________

Statistique médicale
des
troupes coloniales.

Année 19

DIRECTION

DU SERVICE DE SANTÉ.

MODÈLE N° 14.
____

Instruction
ministérielle
du 26 août 902.

STATISTIQUE ANNUELLE.

Tableau III.

MALADES À L'INFIRMERIE PAR MOIS ET PAR ARME.

Nota. — L'indication des maladies ayant déterminé l'entrée à l'infirmerie se fait par numéros de la nomenclature n° 2.

Le total de la colonne 7 doit coïncider avec le total de la colonne 14 des tableaux I et II.

Le total de la colonne 9 doit coïncider avec le total de la colonne 16 des tableaux I et II.

Le total des colonnes 11-22 et celui des colonnes des entrés par arme doivent coïncider avec le total de la colonne 7 du présent tableau.

Les malades passés de l'infirmerie à l'hôpital pour la même maladie seront portés en bloc sous une mention spéciale à la suite du tableau, comme entrées et journées de traitement, conformément aux indications de l'état III des corps de troupe.

Tableau III. — Maladies à l'infirmerie par mois et par arme.

A. Troupes européennes.

NUMÉROS DE LA NOMENCLATURE N° 2.	MALADIES et GROUPES de MALADIES.	RESTANTS AU 31 DÉCEMBRE DE L'ANNÉE COURANTE.	ENTRÉS DANS L'ANNÉE.					TOTAL DES ENTRÉS.	TOTAL DES RESTANTS ET DES ENTRÉS.	JOURNÉES DE TRAITEMENT.	DÉCÈS.	RAPATRIEMENTS.	ENTRÉS PAR MOIS.												RESTANTS AU 31 DÉCEMBRE DE L'ANNÉE COURANTE.	OBSERVATIONS (RÉCIDIVES), ETC.	ENTRÉS PAR ARME.													
			SOUS-OFFICIERS.	SOLDATS ÂGÉS DE MOINS DE 21 ANS.	SOLDATS ÂGÉS DE 21 À 25 ANS.	SOLDATS ÂGÉS DE 25 À 30 ANS.	SOLDATS ÂGÉS DE 30 ANS ET AU-DESSUS.						JANVIER.	FÉVRIER.	MARS.	AVRIL.	MAI.	JUIN.	JUILLET.	AOÛT.	SEPTEMBRE.	OCTOBRE.	NOVEMBRE.	DÉCEMBRE.			RÉGIMENTS D'INFANTERIE COLONIALE.	RÉGIMENTS D'ARTILLERIE COLONIALE.	RÉGIMENTS DE TIRAILLEURS (cadre européen).	COMPAGNIE D'OUVRIERS D'ARTILLERIE.	DISCIPLINAIRES DES COLONIES.	GENDARMERIE COLONIALE.							SECTION D'INFIRMIERS COLONIAUX.
1	2	3	4	5	5bis	6	6bis	7	8	9	10	10bis	11	12	13	14	15	16	17	18	19	20	21	22	23	24	25	26	27	28	29	30	31	32	33	34	35	36	37	38
	Totaux...																																							

TABLEAU III. — Malades à l'infirmerie par mois et par arme.

B. Troupes indigènes.

NUMÉROS DE LA NOMENCLATURE N° 2.	MALADIES et GROUPES de MALADIES.	RESTANTS AU 31 DÉCEMBRE DERNIER.	ENTRÉS DANS L'ANNÉE.				TOTAL DES RESTANTS ET DES ENTRÉES.	JOURNÉES DE TRAITEMENT.	DÉCÈS.	RAPATRIEMENTS.	ENTRÉS PAR MOIS.												RESTANTS AU 31 DÉCEMBRE DE L'ANNÉE COURANTE.	OBSERVATIONS (RÉCIDIVES, ETC.).	ENTRÉS PAR ARME.									
			SOUS-OFFICIERS.	SOLDATS LEVÉS OU ENGAGÉS.	SOLDATS RENGAGÉS.	TOTAL DES ENTRÉES.					JANVIER.	FÉVRIER.	MARS.	AVRIL.	MAI.	JUIN.	JUILLET.	AOÛT.	SEPTEMBRE.	OCTOBRE.	NOVEMBRE.	DÉCEMBRE.			TIRAILLEURS.	CONDUCTEURS.								
1	D	3	4	5	6	7	8	9	10	10 bis	11	12	13	14	15	16	17	18	19	20	21	22	23	24	25	26	27	28	29	30	31	32	33	34
TOTAUX........																																		

Malades passés de l'infirmerie à l'hôpital ou à l'ambulance pour la même maladie [1].

	EUROPÉENS.	INDIGÈNES.
Nombre.........................		
Journées de traitement		

Fait à , le 19

Le Médecin [2],
Directeur du service de santé.

Le Chef d'Etat-Major [3],

[1] Sous cette rubrique doivent être portés en bloc comme entrées et journées de traitement, tous les hommes passés de l'infirmerie à l'hôpital ou à l'ambulance pour la même maladie, et qui par conséquent ne figurent pas dans le tableau ci-dessus.
[2] Indiquer le grade.
[3] Ou Commandant supérieur des troupes. — Indiquer le grade.

<table>
<tr><td>COLONIE
de

Statistique médicale
des
troupes coloniales.

Année 19</td><td>DIRECTION

DU SERVICE DE SANTÉ.</td><td>Modèle n° 15.

Instruction
ministérielle
du 26 août 1902.</td></tr>
</table>

STATISTIQUE ANNUELLE.

Tableau IV.

MALADES À L'HÔPITAL ET À L'AMBULANCE PAR MOIS ET PAR ARME.

Nota. — L'indication des maladies ayant déterminé l'entrée à l'hôpital ou à l'ambulance se fait par numéros de la nomenclature n° 2.

Le total de la colonne 8 doit coïncider avec le total de la colonne 17 du tableau I et II.

Le total de la colonne 10 doit coïncider avec le chiffre de la colonne 19 du tableau I et II.

Le total des colonnes 14-25 et celui des colonnes des entrés par arme doivent coïncider avec celui de la colonne 8 du présent tableau.

TABLEAU IV. — Malades à l'hôpital ou à l'ambulance par mois et par arme.

A. *Troupes européennes.*

NUMÉROS DE LA NOMENCLATURE N° 2.	MALADIES et GROUPES de MALADIES.	RESTANTS AU 31 DÉCEMBRE DERNIER.	ENTRÉS PENDANT L'ANNÉE — OFFICIERS.	SOUS-OFFICIERS.	SOLDATS ÂGÉS DE MOINS DE 21 ANS.	SOLDATS ÂGÉS DE 21 À 25 ANS.	SOLDATS ÂGÉS DE 25 À 30 ANS.	SOLDATS ÂGÉS DE 30 ANS ET AU-DESSUS.	TOTAL DES ENTRÉS.	TOTAL DES RESTANTS ET DES ENTRÉS.	JOURNÉES DE TRAITEMENT.	DÉCÈS — OFFICIERS.	SOUS-OFFICIERS.	SOLDATS.	ENTRÉS PAR MOIS — JANVIER.	FÉVRIER.	MARS.	AVRIL.	MAI.	JUIN.	JUILLET.	AOÛT.	SEPTEMBRE.	OCTOBRE.	NOVEMBRE.	DÉCEMBRE.	RESTANTS AU 31 DÉCEMBRE de l'année courante.	OBSERVATIONS (Récidives, etc.).	ENTRÉS PAR ARME — RÉGIMENTS D'INFANTERIE COLONIALE.	RÉGIMENTS D'ARTILLERIE COLONIALE.	RÉGIMENT DE TIRAILLEURS (cadre européen).	COMPAGNIE D'OUVRIERS D'ARTILLERIE.	DISCIPLINAIRES DES COLONIES.	GENDARMERIE COLONIALE.						SECTION D'INFIRMIERS COLONIAUX.
1	2	3	4	5	6	6bis	7	7bis	8	9	10	11	12	13	14	15	16	17	18	19	20	21	22	23	24	25	26	27	28	29	30	31	32	33	34	35	36	37	38	39
TOTAUX.																																								

TABLEAU IV. — MALADES À L'HÔPITAL OU À L'AMBULANCE PAR MOIS ET PAR ARME

B. Troupes indigènes.

NUMÉROS DE LA NOMENCLATURE N° 2.	MALADIES et GROUPES de MALADIES.	RESTANTS AU 31 DÉCEMBRE DERNIER.	ENTRÉS PENDANT L'ANNÉE.					TOTAL DES RESTANTS ET DES ENTRÉES.	JOURNÉES DE TRAITEMENT.	DÉCÈS.			ENTRÉS PAR MOIS.												RESTANTS AU 31 DÉCEMBRE de l'année courante.	OBSERVATIONS. (Récidive, etc.)	ENTRÉS PAR ARME.											
			OFFICIERS.	SOUS-OFFICIERS.	SOLDATS LEVÉS OU ENGAGÉS.	SOLDATS RENGAGÉS.	TOTAL DES ENTRÉES.			OFFICIERS.	SOUS-OFFICIERS.	SOLDATS.	JANVIER.	FÉVRIER.	MARS.	AVRIL.	MAI.	JUIN.	JUILLET.	AOÛT.	SEPTEMBRE.	OCTOBRE.	NOVEMBRE.	DÉCEMBRE.			TIRAILLEURS.	CONDUCTEURS.										
1	2	3	4	5	6	7	8	9	10	11	12	13	14	15	16	17	18	19	20	21	22	23	24	25	26	27	28	29	30	31	32	33	34	35	36	37	38	39
TOTAUX.																																						

Fait à   , le   19

Le Médecin (1)

Directeur du Service de·Santé,

(1) Indiquer le grade.

COLONIE
de

Statistique **médicale**
des troupes coloniales.

ANNÉE 19 .

MODÈLE N° 16.

Instruction
ministérielle
du 26 août 1902.

DIRECTION

DU SERVICE DE SANTÉ.

STATISTIQUE ANNUELLE.

TABLEAU V.

DÉCÈS PAR MOIS ET PAR ARME.

Nota. — L'indication des maladies ayant déterminé les décès se fait par numéros de la colonne n° 1.

Le total de la colonne 7 doit coïncider avec le total de la colonne 25 des Tableaux I et II.

Le total des colonnes 8 à 19 et celui des colonnes des décès par arme doivent coïncider avec le total de la colonne 7 du présent Tableau.

Indiquer, dans la colonne *Observations*, le lieu du décès : chambre, en marche, infirmerie, hôpital, à bord, etc.

8.

TABLEAU V. — Décès par mois et par arme.

A. *Troupes européennes.*

NUMÉROS DE LA NOMENCLATURE. N° 1.	MALADIES.	OFFICIERS.	SOUS-OFFICIERS.	SOLDATS				TOTAL des DÉCÈS.	MOIS.												ARME.											
				Âgés de moins de 21 ans.	Âgés de 21 à 25 ans.	Âgés de 25 à 30 ans.	Âgés de 30 ans et au-dessus.		JANVIER.	FÉVRIER.	MARS.	AVRIL.	MAI.	JUIN.	JUILLET.	AOÛT.	SEPTEMBRE.	OCTOBRE.	NOVEMBRE.	DÉCEMBRE.	RÉGIMENTS			COMPAGNIE D'OUVRIERS D'ARTILLERIE.	DISCIPLINAIRES DES COLONIES.	GENDARMERIE COLONIALE.				SECTION D'INFIRMIERS COLONIAUX.	OBSERVATIONS (lieu du décès).
																					D'INFANTERIE COLONIALE.	D'ARTILLERIE COLONIALE.	DE TIRAILLEURS..... (cadre européen).								
1	2	3	4	5	6 bis	6	6 bis	7	8	9	10	11	12	13	14	15	16	17	18	19	20	21	22	23	24	25	26	27	28	29	30	31
Totaux...																																

TABLEAU V. — Décès par mois et par arme.

B. *Troupes indigènes.*

NUMÉROS DE LA NOMENCLATURE N° 1.	MALADIES.	OFFICIERS.	SOUS-OFFICIERS.	SOLDATS		TOTAL des DÉCÈS.	MOIS.												ARME.											OBSERVATIONS. (LIEU DU DÉCÈS.)
				LEVÉS OU ENGAGÉS.	RENGAGÉS.		JANVIER.	FÉVRIER.	MARS.	AVRIL.	MAI.	JUIN.	JUILLET.	AOÛT.	SEPTEMBRE.	OCTOBRE.	NOVEMBRE.	DÉCEMBRE.	TIRAILLEURS.	CONDUCTEURS.										
1	2	3	4	5	6	7	8	9	10	11	12	13	14	15	16	17	18	19	20	21	22	23	24	25	26	27	28	29	30	31
Totaux...																														

Fait à   , le   19

Le Médecin [1]
Directeur du service de santé.

(1) Indiquer le grade.

COLONIE
de]

Statistique médicale
des troupes coloniales.

ANNÉE 19 .

DIRECTION

DU SERVICE DE SANTÉ.

MODÈLE N° 17.

Instruction
ministérielle
du 26 août 1902.

STATISTIQUE ANNUELLE

TABLEAU VI.

RETRAITES, NON-ACTIVITÉS ET RÉFORMES PAR ARME.

Nota. — L'indication des maladies se fait par numéros de la nomenclature n° 1

Le total des colonnes 3, 4, 5, 5 *bis*, 6 et 6 *bis* doit coïncider avec le total de la colonne 20 des Tableaux I et II.

Le total des colonnes 7 et 8 doit coïncider avec le chiffre de la colonne 21 des Tableaux I et II.

Le total des colonnes 9 à 16 et 9 à 16 *bis* doit coïncider avec les totaux correspondants des colonnes 22, 23 et 24 des Tableaux I et II.

La colonne 17 doit comprendre le total des colonnes 3–16 *bis* ou 3–16 du présent Tableau.

Le total des colonnes 18–29 et celui des colonnes 30, 31, 32, etc., doivent égaler le total de la colonne 17 du présent Tableau.

TABLEAU VI. — RETRAITES, RÉFORMES ET NON-ACTIVITÉS, PAR MOIS ET PAR ARME.

A. *Troupes européennes.*

N° DE LA NOMENCLATURE N° 1.	MALADIES. (Dans l'ordre de la nomenclature.)	RETRAITES.							Officiers en sous-activité pour infirmités temporaires.
		Officiers.	Sous-officiers.	Soldats âgés de moins de 21 ans.	Soldats âgés de 21 à 25 ans.	Soldats âgés de 25 à 30 ans.	Soldats âgés de 30 ans et au-dessus.	Officiers réformés.	
1	2	3	4	5	5bis	6	6bis	7	8
	Totaux....								

MALADIES.	RÉFORMES — n° 1.					RÉFORMES — n° 2.				
	Sous-officiers.	Soldats âgés de moins de 21 ans.	Soldats âgés de 21 à 25 ans.	Soldats âgés de 25 à 30 ans.	Soldats âgés de 30 ans et au-dessus.	Sous-officiers.	Soldats âgés de moins de 21 ans.	Soldats âgés de 21 à 25 ans.	Soldats âgés de 25 à 30 ans.	Soldats âgés de 30 ans et au-dessus.
2	9	10	10bis	11	11bis	12	13	13bis	14	14bis
Totaux....										

MALADIES.	TEMPORAIRES.				TOTAL DES RADIATIONS.
	Soldats âgés de moins de 21 ans.	Soldats âgés de 21 à 25 ans.	Soldats âgés de 25 à 30 ans.	Soldats âgés de 30 ans et au-dessus.	
2	15	15bis	16	16bis	17
Totaux....					

MALADIES.	MOIS.											
	Janvier.	Février.	Mars.	Avril.	Mai.	Juin.	Juillet.	Août.	Septembre.	Octobre.	Novembre.	Décembre.
2	18	19	20	21	22	23	24	25	26	27	28	29
Totaux....												

MALADIES.	ARME.										
	Régiments d'infanterie coloniale.	Régiments d'artillerie coloniale.									
2	30	31	32	33	34	35	36	37	38	39	40
Totaux....											

TABLEAU VI. — RETRAITES, RÉFORMES ET NON-ACTIVITÉS, PAR MOIS ET PAR ARME.

B. *Troupes indigènes.*

NUMÉROS DE LA NOMENCLATURE N° 1.	MALADIES. (Dans l'ordre de la nomenclature.)	RETRAITES.						RÉFORMES. N° 1.			N° 2.			TEMPORAIRES.		TOTAL DES RADIATIONS.	MOIS.												ARMÉ.												
		Officiers.	Sous-Officiers.	Soldats levés ou engagés.	Soldats rengagés.	Officiers réformés.	Officiers en non-activité pour infirmités temporaires.	Sous-officiers.	Soldats levés ou engagés.	Soldats rengagés.	Sous-officiers.	Soldats levés ou engagés.	Soldats rengagés.	Soldats levés ou engagés.	Soldats rengagés.		Janvier.	Février.	Mars.	Avril.	Mai.	Juin.	Juillet.	Août.	Septembre.	Octobre.	Novembre.	Décembre.	Tirailleurs.											
1	2	3	4	4 bis	5	6	7	8	9	11	12	13	14	15	16	17	18	19	20	21	22	23	24	25	26	27	28	29	30	31	32	33	34	35	36	37	38	39	40	41
TOTAUX......																																								

Fait à   , le   19   .

Le Médecin[1]   ,
Directeur du service de santé,

---

[1] Indiquer le grade.

COLONIE
de

Statistique médicale
des troupes coloniales.

DIRECTION

DU SERVICE DE SANTÉ.

MODÈLE
n° 17 *bis.*

Instruction
ministérielle
du 26 août 1902.

STATISTIQUE ANNUELLE.

Tableau VI *bis.*

RAPATRIEMENTS PAR MOIS ET PAR ARME.

Nota. — L'indication des maladies ayant déterminé le rapatriement se fait par numéros de la nomenclature n° 1.

Le total de la colonne 7 doit coïncider avec le total de la colonne 25 *bis* des Tableaux I et II.

Le total des colonnes 8-19 et celui des colonnes des rapatriements par arme doivent coïncider avec le total de la colonne 7 du présent Tableau.

TABLEAU VI bis. — RAPATRIEMENTS PAR MOIS ET PAR ARME.

A. — Troupes européennes.

NUMÉROS DE LA NOMENCLATURE Nº 1.	MALADIES.	OFFICIERS.	SOUS-OFFICIERS.	SOLDATS ÂGÉS DE MOINS DE 21 ANS.	SOLDATS ÂGÉS DE 21 À 25 ANS.	SOLDATS ÂGÉS DE 25 À 30 ANS.	SOLDATS ÂGÉS DE 30 ANS ET AU-DESSUS.	TOTAL des RAPATRIEMENTS.	MOIS.												ARME.											OBSERVATIONS.
									JANVIER.	FÉVRIER.	MARS.	AVRIL.	MAI.	JUIN.	JUILLET.	AOÛT.	SEPTEMBRE.	OCTOBRE.	NOVEMBRE.	DÉCEMBRE.	RÉGIMENTS D'INFANTERIE COLONIALE.	RÉGIMENTS D'ARTILLERIE COLONIALE.	RÉGIMENTS DE TIRAILLEURS (cadre européen).	COMPAGNIE D'OUVRIERS D'ARTILLERIE.	DISCIPLINAIRES DES COLONIES.	GENDARMERIE COLONIALE.					SECTION D'INFIRMIERS COLONIAL.	
1	2	3	4	5	5bis	6	6bis	7	8	9	10	11	12	13	14	15	16	17	18	19	20	21	22	23	24	25	26	27	28	29	30	31
TOTAUX.....																																

TABLEAU VI bis. — RAPATRIEMENTS PAR MOIS ET PAR ARME.

B. — *Troupes indigènes.*

NUMÉROS DE LA NOMENCLATURE N° 1.	MALADIES.	OFFICIERS.	SOUS-OFFICIERS.	SOLDATS LEVÉS OU ENGAGÉS.	SOLDATS ENGAGÉS.	TOTAL des RAPATRIEMENTS.	MOIS.												ARME.												OBSERVATIONS.
							JANVIER.	FÉVRIER.	MARS.	AVRIL.	MAI.	JUIN.	JUILLET.	AOÛT.	SEPTEMBRE.	OCTOBRE.	NOVEMBRE.	DÉCEMBRE.	TIRAILLEURS.	CONDUCTEURS.										
1	2	3	4	5	6	7	8	9	10	11	12	13	14	15	16	17	18	19	20	21	22	23	24	25	26	27	28	29	30	31
TOTAUX																														

Fait à   , le   19   .

Le Médecin [1],
Directeur du Service de santé,

COLONIE
de

Statistique médicale
des
troupes coloniales.

ANNÉE 19 .

DIRECTION

DU SERVICE DE SANTÉ.

MODELE N° 18.

Instruction
ministérielle
du 26 août 1902.

STATISTIQUE ANNUELLE.

Tableau VII.

MALADES À L'HÔPITAL, DÉCÈS PAR GARNISON.

Nota. Le chiffre des hospitalisés ne comprend que les malades entrés dans l'année. (Colonne 7 de la Statistique annuelle des hôpitaux et ambulances, modèle n° 10.)

TABLEAU VII. — MALADES À L'HÔPITAL, DÉCÈS PAR GARNISON.

Désignation des garnisons...........

Moyennes annuelles de l'effectif total par garnison......................

NUMÉROS DE LA NOMENCLATURE N° 3.	MALADIES ET GROUPES DE MALADIES.	ENTRÉS.		ENTRÉS.		DÉCÉDÉS.		ENTRÉS.		DÉCÉDÉS.		ENTRÉS.		DÉCÉDÉS.		ENTRÉS.		DÉCÉDÉS.		TOTAUX POUR L'ENSEMBLE DES TROUPES stationnées dans la colonie.			
		Militaires appartenant à la garnison.		Militaires étrangers à la garnison.	Militaires appartenant à la garnison.	Militaires étrangers à la garnison.		Militaires appartenant à la garnison.	Militaires étrangers à la garnison.	Militaires appartenant à la garnison.	Militaires étrangers à la garnison.	Militaires appartenant à la garnison.	Militaires étrangers à la garnison.	Militaires appartenant à la garnison.	Militaires étrangers à la garnison.					ENTRÉS.		DÉCÉDÉS.	
		Européens.	Indigènes.	E.	I.	E.	I.	E.	I.	E.	I.	E.	I.	E.	I.	E.	I.	E.	I.	E.	I.	E.	I.	E.	I.	E.	I.
	TOTAUX............																										
	Morbidité et mortalité pour 1000.....																										

Fait à , le 19

Le Médecin [1]
Directeur du Service de Santé,

[1] Indiquer le grade.

COLONIE
de
—

Statistique médicale
des
troupes coloniales.
—

ANNÉE 19

DIRECTION

DU SERVICE DE SANTÉ.

MODELE N° 19.

—

Instruction
ministérielle
du 26 août 1902.

STATISTIQUE ANNUELLE.

Nom et grade
du Médecin directeur.

RAPPORT

SUR LE SERVICE MÉDICO-CHIRURGICAL

ET SUR L'ÉTAT SANITAIRE.

(On se servira d'intercalaires pour donner à ce Rapport le développement voulu.)

Fait à   le   19

. *Le Médecin* [1]   , *Directeur,*

Vu :

Le Commandant supérieur des troupes,

[1] Indiquer le grade.